JN432066

Understanding the Building Act

건축법규의 이해

유복희 지음

UUP

건축법규의 이해

■

- 2020년 03월 10일 **초판 2쇄 발행**
- 2015년 12월 9일 **초판 1쇄 발행**
- **지은이 유복희**
- **펴낸이 오연천**
- **펴낸곳 UUP**(울산대학교출판부) 680-749 울산광역시 남구 대학로 93(무거동) 울산대학교 출판부
- 전화 (052)259-2488 팩스 (052)277-3011 ▪ **홈페이지** http://uup.ulsan.ac.kr
- **출판등록** 제370-1996-000001호(1996.3.13)
- **₩** 11,000

■

불법복사는 지적재산을 훔치는 범죄행위입니다. 저작권법 제136조(권리의 침해죄)에 따라 위반자는 5년 이하의 징역 또는 5천만원 이하의 벌금에 처하거나 이를 병과할 수 있습니다. 이 책의 판권은 울산대학교 출판부에 있습니다. 잘못된 책은 바꾸어 드립니다.

이도서의 국립중앙도서관 출판도서목록(CIP)은 e-CIP 홈페이지(http://www.nl.go.kr/ecip)에서 이용하실 수 있습니다.

ISBN 978.89.7868.377.7 (93540)

시작하는 말

시대가 다양해지고 환경이 변화함에 따라 건축기술이 발전을 거듭하고 건축법규 또한 내용이 점차 방대해지고 복잡해지고 있다.

저자는 대학에서 수년간 건축 관련한 법규를 강의하고 있다. 그러나 기존 교재는 건축법과 함께 주차장법, 국토이용계획 등과 같은 건축제법규로 구성된 광범위한 내용으로 개발되어 있어, 한 학기 강좌로 감당하기에는 과도한 영역과 내용으로 항상 교재에 대한 일부분만을 강의하는 상황이 발생하곤 한다.

본 저서는 건축법에 입문하는 학생들이 쉽게 이해하도록 주요 내용을 중심으로 구성하고 법문 특성의 난해한 용어를 보다 쉽게 설명하려 노력하였다. 또한 중요 내용마다 문제풀이를 삽입하여 내용의 요점을 파악하는데 도움을 주고자 하였다. 건축법규를 실용적으로 그리고 보다 쉽게 접하고 이해하는데 도움이 되기를 기대한다.

본 저서의 구성은 크게 네 부분으로 구성되었다.

PART I 에서는 제1장 목적 및 용어정의, 제2장 용도지역 및 용도지구안의 건축물, 제3장 건축법의 적용으로 구성되어 건축법의 목적과 용어의 정의, 대지의 구분 및 조치, 건축법의 적용에 관한 제규정 및 특례 등에 관하여 기술하였다.

PART II 에서는 제4장 건축허가에서부터 사용승인까지, 제5장 건축물의 유지와 관리로 구성되어 건축물의 기획, 허가 그리고 등기촌탁까지의 내용으로 건축물이 생성되어 유지·관리되기까지의 전 과정에 대해 기술하였다.

PART III 에서는 제6장 건축물의 면적, 높이 및 층수의 산정, 제7장 건축물의 건폐율, 용적률 및 높이기준, 제8장 건축물의 대지와 도로로 구성하여 건축물, 대지, 도로 등의 면적, 높이 등과 관련한 제법규 내용을 기술하였다.

PARTⅣ에서는 제9장 건축물의 구조 및 피난·방재기준, 제10장 건축설비로 구성하여 건축물의 구조와 관련한 피난·방재 그리고 건축설비에 관한 제법규의 내용을 기술하였다.

2020년 1월
유 복 희

목 차

PART Ⅱ

PART Ⅲ

PART Ⅳ

PATR I

01 목적 및 용어정의

1. 목적

건축법은 '건축물의 대지 · 구조 · 설비 기준 및 용도 등을 정하여 건축물의 안전 · 기능 · 환경 및 미관을 향상시킴으로써 공공복리의 증진에 이바지하는 것'을 목적으로 하고 있다.

개인에게 일부 손해가 되더라도 사회적인 집단생활을 해 나가는데 있어 공공복리의 증진을 위해 서로가 양보하여야 한다는 취지로 규정되어 있다.

건축법은 다른 법률과 마찬가지로 헌법에 근거하여 존재하고 있다. 헌법은 최고의 법으로서 권위를 갖는 것은 국민들의 직접투표에 의해 결정되기 때문이며, 법률은 국민으로부터 권한을 위임받아 국회(입법부)에서 제정한다. 그리고 법률(법)의 하위 법령인 시행령과 시행규칙은 그 법률을 집행하는 기관 (행정부, 사법부)에서 제정 · 공포한다.

건축법의 구성 체계는 다음과 같다. 대부분의 법률이 1개 정도의 시행규칙을 갖게 되지만 건축법은 8개의 시행규칙을 가지고 있다.

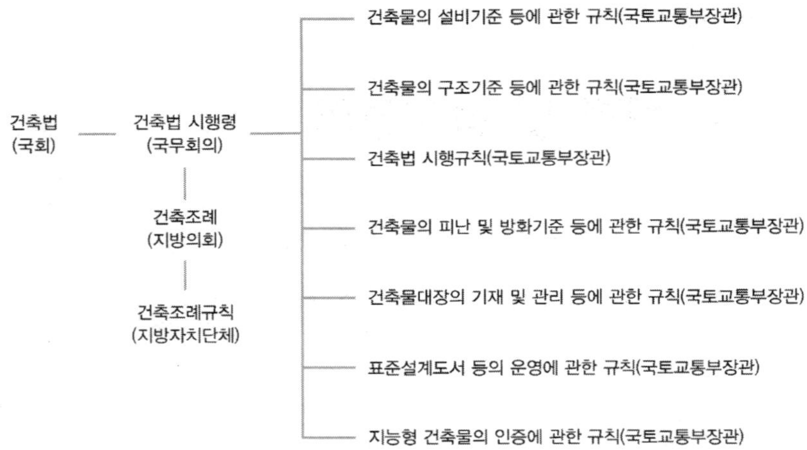

그림 1-1 건축법의 구성체계

2. 용어의 정의

건축법령에서 사용되는 용어의 정의는 우선 그 법령의 입법 취지를 정확히 파악하려는 노력이 필요하다. 건축물은 그 구조·설비·용도 등의 제반요건에 따라서 다양하기 때문에 법령에서 사용되는 용어가 일반적인 용어(일상에서 사용되는 용어)와 표기상으로는 같을지라고 내용상의 차이가 존재하므로 용어에 대한 정확하고 근본적인 이해가 필요하다.

✓ 필지 : 지적공부에 등록하는 토지의 단위이며, 하나의 소유권이 미치는 범위를 인위적으로 구분하여 지번을 부여한 지역의 토지이다.

1) 대지(垈地)

(1) 정의

대지란 「공간정보의 구축 및 관리 등에 관한 법률」에 따라 각 필지(筆地)로 나눈 토지이며, 건축행위가 이루어질 수 있는 개별 필지를 말한다.

「건축법」에서 말하는 '대지'와 「공간정보의 구축 및 관리 등에 관한 법률」에서의 '垈'는 약간의 차이가 있다. 토지의 사용목적에 따른 지목을 정하고 있는 「공간정보의 구축 및 관리 등에 관한 법률」에 따르면 '垈'는 영구적 건축물 중 주거 · 사무실 · 점포와 박물관 · 극장 · 미술관 등 문화시설과 이에 접속된 정원 및 부속건축물을 건축할 수 있는 토지라고 규정하고 있다. 이는 「건축법」의 '대지'에 해당한다.

건축물의 건축 가능 여부는 「건축법」에 의한 '대지' 여부가 결정되는 것이다. '전(田)' · '답(畓)'과 '임야(林野)'는 말 그대로 논 · 밭과 임야이기 때문에 「건축법」에 따른 '대지'로 볼 수 없다. 그러나 몇 가지 법률적인 절차만 이행한다면 '田' · '畓'과 '林野'도 건축이 가능한 대지로 바뀔 수가 있다.

(2) 예외규정

건축물을 건축하는 대지는 '하나의 대지'를 기준으로 허가를 한다. 여기서 '하나의 대지'란 「공간정보의 구축 및 관리 등에 관한 법률」에서 1필지를 원칙으로 한다. 단, 아래 사항에 대해서는 예외를 인정하고 있다.

① 둘 이상의 필지를 하나의 대지로 할 수 있는 경우

㉠ 하나의 건축물을 두 필지 이상에 걸쳐 건축하는 경우에는 그 건축물이 건축되는 각 필지의 토지를 합한 토지를 하나의 대지로 본다

㉡ 「공간정보의 구축 및 관리 등에 관한 법률」에 따라 합병이 불가능한 경우 중 다음에 해당되는 경우로써 그 합병이 불가능한 필지의 토지를 합한 토지(다만, 토지의 소유자가 서로 다르거나 소유권외의 권리관계가 서로 다른 경우는 예외)를 하나의 대지로 본다.

- 각 필지와 지번 부여지역(동, 리 등)이 서로 다른 경우
- 각 필지의 도면의 축적이 다른 경우
- 서로 인접하고 있는 필지로서 각 필지의 지반이 연

속되지 아니한 경우

㉢ 「국토의 계획 및 이용에 관한 법률」의 규정에 의한 도시 · 군계획시설(기반시설: 도로, 광장, 학교 등)에 해당하는 건축물이 설치되는 일단의 토지를 하나의 대지로 본다

㉣ 「주택법」에 따른 사업계획승인을 받아 주택과 그 부대시설 및 복리시설을 건축하는 경우의 주택단지를 하나의 대지로 본다

㉤ 도로의 지표아래 건축하는 건축물의 경우에는 특별시장 ·광역시장 · 특별자치시장 · 특별자치도지사 · 시장 · 군수 또는 구청장(자치구의 구청장을 말한다)이 정하는 당해 건축물이 건축되는 토지를 하나의 대지로 본다

㉥ 사용승인을 신청할 때 둘 이상의 필지를 하나의 필지로 합필할 것을 조건으로 하여 건축허가 할 경우에 그 필지가 합쳐지는 토지를 하나의 대지로 볼 수 있다. 다만, 토지의 소유자가 서로 다른 경우는 제외한다.

✓ 합필 : 지적공부에 등록된 2필지 이상을 1필지로 합하여 등록하는 것을 말한다.

② 하나 이상의 필지 일부를 하나의 대지로 할 수 있는 경우

㉠ 하나 이상의 필지의 일부에 대하여 도시 · 군계획시설이 결정 · 고시된 경우 그 결정 · 고시가 있는 부분의 토지

㉡ 하나 이상의 필지의 일부에 대하여 「농지법」 규정에 의한 농지전용허가를 받은 경우 그 허가받은 부분의 토지

㉢ 하나 이상의 필지의 일부에 대하여 「산지관리법」 규정에 의한 산지전용허가를 받은 경우 그 허가받은 부분의 토지

㉣ 하나 이상의 필지의 일부에 대하여 「국토의 계획 및

문) 건축법상에서 2개 이상의 필지를 하나의 대지로 볼 수 없는 것은?

㉮ 각 필지의 지번, 지역이 서로 다른 경우
㉯ 토지의 소유주가 다르고 소유권 외의 권리관계가 다른 경우
㉰ 각 필지의 도면의 축적이 다른 경우
㉱ 인접필지로서 지반이 연속되지 않은 경우

해답 ㉯

이용에 관한 법률」규정에 의한 개발행위허가를 받은 경우 그 허가받은 부분의 토지

㉤ 건축법에 따라 사용승인을 신청할 때 필지를 나눌 것을 조건으로 건축허가를 하는 경우에 그 필지가 나누어지는 토지

✓ 공작물 : 인위적으로 축조된 공간 구조물로서 도로, 항만, 댐 등과 같은 시설물과 간판, 광고탑, 고가수조 등을 말한다.

2) 건축물

✓ 지하나 고가(高架)의 공작물 : 지하도나 고가구조물 자체는 건축물이 아니다. 그러나 지하 또는 고가의 공작물의 용도가 사무소, 공연장, 점포 등에 쓰일 때 건축법상 건축물에 해당된다.

건축물이란 토지에 정착하는 공작물 중 지붕과 기둥 또는 벽이 있는 것과 이에 딸린 시설물, 지하나 고가(高架)의 공작물에 설치하는 사무소 · 공연장 · 점포 · 차고 · 창고, 그 밖에 대통령령으로 정하는 것을 말한다.

건축물이면 「건축법」을 적용 받고, 건축물이 아니면 「건축법」을 적용하지 않기 때문에 건축물인지 아닌지를 구분하는 일은 매우 중요하다.

건축물을 짓는 것과 관련하여 발생할 수 있는 위험을 예방하기 위하여 건축법은 일정한 요건을 규정하여 요건을 충족하는 경우 건축을 허가하고 있다. 건축법에 규정된 건축물의 개념 요소를 갖추지 못하면 건축물에 해당하지 않기 때문에 건축허가를 받지 않고 축조하더라도 처벌의 대상이 되지 않는다.

문) 다음 중 건축법상 건축설비가 아닌 것은?

㉮ 승강기
㉯ 서터
㉰ 우편함
㉱ 공동시청 안테나

해답 ㉯

3) 건축설비

건축물에 설치하는 전기 · 전화 설비, 초고속 정보통신 설비, 지능형 홈 네트워크 설비, 가스 · 급수 · 배수(配水) · 배수(排水) 환기 · 난방 · 소화(消火) · 배연(排煙) 및 오물처리의 설비, 굴뚝, 승강기, 피뢰침, 국기 게양대, 공동시청 안테나, 유선방송 수신시설, 우편함, 저수조(貯水槽), 방법시설, 그 밖에 국토교통부

령(건축물의 설비기준 등에 관한 규칙)이 정하는 설비를 말한다.

4) 지하층

지하층이란 건축물의 바닥이 지표면 아래에 있는 층으로서 바닥에서 지표면까지 평균높이(h)가 해당 층 높이(H)의 2분의 1 이상인 것을 말한다.

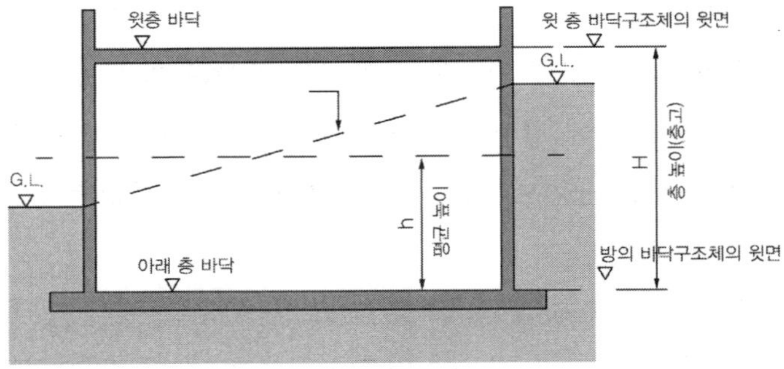

그림 1-2 지하층

지하층이라 함은 간단히 땅 아래에 위치한 층을 말한다. 그러나 지하층인지 여부를 결정짓기가 쉽지 않다. 토지의 형상이 각각 다르고, 노출된 정도와 형태도 달라서 지하층으로 인정되기도 하고 그렇지 않기도 하기 때문이다.

지하층 규정은 지표면 산정과 밀접하게 관련이 있으며, 지표면은 건축물의 높이, 일조기준, 건폐율 등을 산정함에 있어 중요한 기준이 된다.

문) 다음 중 건축법상 거실에 속하지 않은 것은?

㉮ 현관
㉯ 부엌
㉰ 작업장
㉱ 수술실

해답 ㉮

5) 거실

거실은 건축물 안에서 거주, 집무, 작업, 집회, 오락, 그 밖에 이와 유사한 목적을 위하여 사용되는 방을 말한다.

거실이라 하면 일반적으로 주택에 있어서 주거(住居)의 용도에 쓰이는 방으로만 생각하기 쉬우나 건축법상 거실의 개념은 좀 더 넓은 의미에서 사람이 거주(병실에 입원) · 집무(사무실에서 근무) · 작업(공장에서 작업) · 오락(당구장에서 오락) 그 밖에 이와 유사한 목적을 위하여 오랜 시간 동안 사용하는 방을 뜻한다. 이 경우 사람이 오랜 시간 연속적으로 머무는 곳이므로 위생적인 면과 피난에 관한 규정 등에서 다른 방보다 건축법의 규제가 강화된다.

한편, 실제로 적용할 때에는 해석 여하에 따라 견해 차이가 있겠으나 주택에 있어서 건축법상 거실은 침실 · 공부방 · 대청 · 응접실 · 주방 · 식당 등이며, 거실이 아닌 것은 잠시 사용하는 현관 · 복도 · 계단 · 화장실 등과 사람이 거주하지 않는 창고(광) · 기계실 등이라 할 수 있다.

표 1-1 건축법에서의 거실

거실로 보는 것	주택 - 침실, 서재, 대청, 응접실, 주방, 식당, 가사실 등 사무소 - 사무실, 응접실, 역원실, 회의실, 숙직실 등 점포 - 매장, 사무실, 조리실 등 공장 - 작업장, 식당, 사무실, 휴게실 등 병원 - 병실, 진찰실, 수술실, 간호사실, 의사실 등
거실이 아닌 것 (공용으로 쓰이는 것)	현관, 복도, 계단, 화장실, 세면소, 기계실, 차고, 강의실, 창고 등

✓ 숙박시설의 객실에 딸린 현관 · 화장실은 거실면적에 포함된다.
✓ 상품의 원활한 보충과 재고관리를 위한 물품창고의 경우 거실로 본다.

6) 주요구조부

주요구조부란 내력벽, 기둥, 바닥, 보, 지붕틀 및 주계단을 말한다. 다만, 사이 기둥, 최하층 바닥, 작은 보, 차양, 옥외 계단, 그 밖에 이와 유사한 것으로 건축물의 구조상 중요하지 아니한 부분은 제외한다.

문) 다음 중 건축법상 주요 구조부에 속하지 않는 것은?

㉮ 보 및 지붕
㉯ 바닥
㉰ 기초
㉱ 내력벽

해답 ㉰

주요구조부의 요건은 건축물의 공간을 구성하는 주요 부분이며, 주로 해체하여 수선 · 변경하는 경우와 방화 · 내화 등에 대하여 안전을 확보하기 위한 목적을 지닌 규정으로 사용되기 때문에 방화상 주요구조부라 할 수 있다. 기초는 땅속에 있는 구조부로서 방화상 규제할 필요가 없으므로 건축법상 주요구조부에서 제외된다.

표 1-2 건축법에서의 주요구조부

주요구조부	주요구조부가 아닌 것
내력벽	비내력벽
기둥	사이 기둥
바닥(slab)	최하층 바닥
보(girder)	작은 보(beam)
지붕틀(truss)	차양
주계단	옥외 계단
-	기초

7) 건축

✓ 철거 : 자의(自意)에 의하여 건물 · 시설 따위를 거두어 치우는 것을 말한다.

✓ 멸실 : 재해(화재나 수해 등)에 의하여 건물 · 시설 따위가 허물어지는 것을 말한다.

✓ 종전과 같은 규모의 범위 : 건축면적, 연면적, 층수 또는 높이 등을 종전과 같거나 적게 건축하는 경우를 말한다.

건축물을 신축 · 증축 · 개축 · 재축(再築) 하거나 이전하는 것을 말한다.

(1) 신축

건축물이 없는 대지(기존 건축물이 철거되거나 멸실된 대지를 포함한다)에 새로 건축물을 축조하는 것(부속건축물만 있는 대지에 새로이 주된 건축물을 축조하는 것을 포함하되, 개축 또는 재축하는 것은 제외한다)을 말한다.

기존 건축물이 있는 대지에 면적을 증가하는 행위는 증축에 해당된다. 그러나 주된 용도의 건축물이 없는 상태에서 단순히

수위실이나 경비실 등 부속건축물만 있는 기존 대지에 주된

용도의 건축물을 건축할 때에는 이를 신축으로 본다. 그 반대인 경우는 증축에 해당된다.

(2) 증축

기존 건축물이 있는 대지에서 건축물의 건축면적, 연면적, 층수 또는 높이를 늘리는 것을 말한다.

기존 건축물에 붙여 수평 또는 수직으로 건축하거나 별동으로 건축하는 경우 모두 증축에 해당된다.

(3) 개축

기존 건축물의 전부 또는 일부 [내력벽 · 기둥 · 보 · 지붕틀(한옥의 경우에는 지붕틀의 범위에서 서까래는 제외한다) 중 셋 이상이 포함되는 경우를 말한다]를 철거하고 그 대지에 종전과 같은 규모의 범위에서 건축물을 다시 축조하는 것을 말한다.

(4) 재축

건축물이 천재지변이나 그 밖의 재해로 멸실된 경우 그 대지에 종전과 같은 규모의 범위에서 다시 축조하는 것을 말한다.

건축하는 방법과 규모에 대해서는 개축과 같다. 하지만 개축이 건축주의 자발적인 의사에 따라 이루어진다면, 재축은 천재지변, 기타 재해(화재도 포함될 수 있다)에 의하여 멸실되어 개축행위를 하는 것이다.

(5) 이전

건축물의 주요구조부를 해체하지 아니하고 같은 대지의 다른 위치로 옮기는 것을 말한다.

이전하는 건축물이 다른 대지로 갈 경우는 그 대지가 건축물이 없는 경우는 신축, 건축물이 있는 다른 대지라면 증축에 해당한다.

문) 다음 용어정의에서 틀린 것은?

㉮ 기존 건축물을 완전 철거하고 동일 대지에 동일 규모로 다시 축조하면 신축에 해당된다.
㉯ 높이를 증가시키는 것은 증축에 해당된다.
㉰ 내력벽과 기둥, 보를 철거하고 동일규모로 축조하면 개축이 된다.
㉱ 동일한 대지 내에서만 위치를 변경할 때 이전이라고 한다.

해답 ㉮

표 1-3 건축법상의 건축행위에 대한 정의

행 위 전	행 위 후	건축법상 정의
공지(空地)	건축물을 새로 축조	신축
부속건축물만 있음	주된 건축물을 새로 축조 부속건축물	신축
기존건축물	기존건축물을 자의로 철거하고 종전의 규모를 초과하여 건축물을 축조	신축
기존건축물	기존건축물을 자의로 철거하고 종전의 규모와 동일한 범위에서 건축물을 축조	개축
기존건축물	기존건축물이 재해로 멸실되어 종전의 규모를 초과하여 건축물을 축조	신축
기존건축물	기존건축물이 재해로 멸실되어 종전의 규모와 같은 범위에서 건축물을 축조	재축
기존건축물	기존건축물의 주요 구조부를 해체하지 아니하고 같은 대지의 다른 위치로 옮김	이전
기존건축물	기존건축물에 연결하여 건축물을 새로 축조	증축
기존건축물	기존건축물과 별동으로 건축물을 새로 축조	증축
甲의 대지 A 乙의 대지 B 이동	B A 기존건축물 A가 있는 甲의 대지로 乙의 대지에 있던 기존건축물 B를 옮김	증축
甲의 대지 乙의 대지 C 이동	C 건축물이 없는 甲의 대지로 乙의 대지에 있던 기존건축물 C를 옮김	신축

출처 : 건축제법규 해석(2015), 기문당, 재도식

8) 대수선

건축물의 기둥, 보, 내력벽, 주계단 등의 구조나 외부 형태를 수선 · 변경하거나 증설하는 것으로 다음에 해당되는 것 중 증축 · 개축 또는 재축에 해당되지 아니하는 것을 말한다.

(1) 내력벽을 증설 또는 해체하거나 그 벽면적을 30제곱미터 이상 수선 또는 변경하는 것

(2) 기둥을 증설 또는 해체하거나 세 개 이상 수선 또는 변경하는 것

(3) 보를 증설 또는 해체하거나 세 개 이상 수선 또는 변경하는 것

(4) 지붕틀(한옥의 경우에는 지붕틀의 범위에서 서까래는 제외한다)을 증설 또는 해체하거나 세 개 이상 수선 또는 변경하는 것

(5) 방화벽 또는 방화구획을 위한 바닥 또는 벽을 증설 또는 해체하거나 수선 또는 변경하는 것

(6) 주계단 · 피난계단 또는 특별피난계단을 증설 또는 해체하거나 수선 또는 변경하는 것

(7) 미관지구에서 건축물의 외부형태(담장을 포함한다)를 변경하는 것

✓ 대수선이란 기둥 · 보 · 내력벽 등을 수선 또는 변경하는 것으로 규모에 따라 건축허가가 필요하다

✓ 건축물을 고치는 행위를 수선이라고 하고, 그 수선 행위보다 범위가 큰 것을 대수선이라 한다. 대수선은 허가(또는 신고)를 한 후에 해야하지만 수선에 해당되면 허가, 신고없이 고칠 수 있다.

문) 다음 사항 중 대수선에 해당되지 않는 것은?

㉮ 피난계단을 해체하여 수선 또는 변경을 하는 것
㉯ 미관지구 내에서 담장을 변경하는 것
㉰ 방화구획을 위한 바닥 및 벽을 해체 하여 수선 또는 변경하는 것
㉱ 내력벽, 기둥, 보를 일시에 철거하고 종전과 동일한 규모로 축조하는 것

해답 ㉱

(8) 다가구주택의 가구 간 경계벽 또는 다세대주택의 세대 간 경계벽을 증설 또는 해체하거나 수선 또는 변경하는 것

(9) 건축물의 외벽에 사용하는 마감재료[법 제52조제2항(방화에 지장이 없는 재료)에 따른 마감재료를 말한다]를 증설 또는 해체하거나 벽면적 30제곱미터 이상 수선 또는 변경하는 것

9) 내수재료

내수재료란 인조석 · 콘크리트 등 내수성을 가진 재료로서 벽돌 · 자연석 · 인조석 · 콘크리트 · 아스팔트 · 도자기질 재료 · 유리 기타 이와 유사한 내수성이 있는 재료를 말한다.

✓ 내화구조 : 장시간의 화재에도 재료의 형태와 강도 등이 크게 변하지 않고 화재가 진화된 후 간단한 수선으로 재사용이 가능한 구조를 말한다.

10) 내화구조

내화구조란 화재에 견딜 수 있는 성능을 가진 구조를 말하며 다음 표에 정하는 것으로 한다.

문) 다음 중 내화구조로 볼 수 없는 것은?

㉮ 고온 · 고압 증기로 양생된 20cm 두께의 경량 기포콘크리트 패널벽
㉯ 철골조의 계단
㉰ 철재로 보강된 망입유리의 지붕
㉱ 직경 20cm의 철근콘크리트조 기둥

해답 ㉱

표 1-4 구조별 내화구조

구 분	철근콘크리트조 또는 철골철근콘크리트조	철골조	무근콘크리트조 · 콘크리트블록조 · 벽돌조 · 석조	철재로 보강 된 콘크리트블록조 · 벽돌조 · 석조	기타
벽 ( )속은 외벽중 비내력벽의 경우	두께 10cm (7cm) 이상인 것	양쪽을 두께 4cm (3cm) 이상의 철망콘크리트*1 또는 두께 5cm(4cm) 이상의 콘크리트 블록 · 벽돌 · 석재로 덮은 것	두께 (7cm) 이상인 것	철재를 덮은 콘크리트 블록 등의 두께5cm(4cm) 이상인 것	① 벽돌조로서 두께 19cm 이상인 것 ② 고온 · 고압의 증기로 양생된 경량기포콘크리트패널 또는 경량기포콘크리트 블록조로서 두께 10cm이상인 것
기둥 ( )속은 경량골재 사용 경우	작은 지름 25cm 이상인 것	작은지름이 25cm 이상인 것으로서 다음 ①, ②에 해당하는 것 ① 두께 6cm (5cm)이상의 철망모르타르 또는 두께 7cm 이상의 콘크리트블록 · 벽돌 · 석재로 덮은 것 ② 두께 5cm 이상의 콘크리트로 덮은 것	-	-	-
바닥	두께 10cm 이상인 것	-	-	철재의 덮은 두께가 5cm 이상인 것	철재의 양면을 두께 5cm 이상의 철망모르타르*1 또는 콘크리트로 덮은 것
보 (지붕틀 포함) ( )속은 경량골재를 사용 경우	모든 것	① 두께 6cm (5cm) 이상의 철망모르타르 *1 덮은 것 ② 두께5cm 이상의 콘크리트로 덮은 것	-	-	철골조의 지붕틀*2 로서 그 바로 아래에 반자가 없거나 불연재료로 된 반자가 있는 것
지붕	모든 것	-	-	모든 것	철재로 보강된 유리블록 또는 망입유리로 된 것
계단	모든 것	모든 것	모든 것	모든 것	

*1. 그 바름바탕을 불연재료로 한 것에 한한다.

*2. 바닥으로부터 그 아랫부분까지의 높이가 4m 이상인 것에 한한다.

출처: 건축제법규 해설(2015), 기문당, 재도식

표 1-5 내화구조의 성능기준 (피난 및 방화구조 제3조제8호 관련) (단위 : 시간)

용도		구성부재		벽								
				외벽			내벽			보·기둥	바닥	지붕
				내력벽	비내력: 연소우려가 있는 부분(가)	비내력: 연소우려가 없는 부분(나)	내력벽	비내력: 간막이벽(다)	비내력: 샤프트실구획벽(라)			
	용도구분(1)	용도규모(2) 층수/최고높이(m)										
일반시설	업무시설, 판매 및 영업시설, 공공용시설 중 군사시설 · 방송국 · 발전소 · 전신전화국 · 촬영소 기타 이와 유사한 것, 통신용시설, 관광휴게시설, 운동시설, 문화 및 집회시설, 제1종 및 제2종 근린생활시설, 위락시설, 묘지관련시설 중 화장장, 교육연구 및 복지시설, 자동차관련시설(정비공장 제외)	12/50	초과	3	1	0.5	3	2	2	3	2	1
			이하	2	1	0.5	2	1.5	1.5	2	2	0.5
		4/20 이하		1	1	0.5	1	1	1	1	1	0.5
주거시설	단독주택 중 다중주택 · 다가구 주택 · 공관, 공동주택, 숙박시설, 의료시설	12/50	초과	2	1	0.5	2	2	2	3	2	1
			이하	2	1	0.5	2	1	1	2	2	0.5
		4/20 이하		1	1	0.5	1	1	1	1	1	0.5
산업시설	공장, 창고시설, 분뇨 및 쓰레기처리시설, 자동차 관련시설 중 정비공장, 위험물저장 및 처리시설	12/50	초과	2	1.5	0.5	2	1.5	1.5	3	2	1
			이하	2	1	0.5	2	1	1	2	2	0.5
		4/20 이하		1	1	0.5	1	1	1	1	1	0.5

출처: 건축제법규 해설(2015), 기문당, 재도식

11) 방화구조

방화구조란 화염의 확산을 막을 수 있는 성능을 가진 구조로서 다음에 정하는 기준에 적합한 구조를 말한다.

방화구조의 방화성능은 내화구조의 그것보다 적으며 화재에 대하여 다른 부분으로의 연소를 막을 정도의 방화성능을 가진 것을 말한다.

✓ 방화구조 : 화재시 불에 견디는 내화성능은 없더라도 초기의 발화에서 건축물에 대한 인접부분으로부터 화면의 확산을 막을 수 있는 성능을 가진 구조를 말한다.

✓ 심벽(心壁) : 기둥복판에 벽을 쳐서 기둥이 벽의 바깥쪽으로 내보이게 된 것으로 한식 구조에 많이 쓰인다.

표 1-6 방화구조 기준

구조	두께
철망모르타르 바르기	바름 두께가 2cm 이상인 것
석고판 위에 시멘트모르타르 또는 회반죽을 바른 것, 시멘트모르타르 위에 타일을 붙인 것	두께의 합계가 2.5cm 이상인 것
심벽에 흙으로 맞벽치기 한 것	모두 인정
「산업표준화법」에 따른 시험결과 방화 2급 이상에 해당하는 것	

12) 불연재료 · 준불연재료 및 난연재료

건축물의 부분 중 특히 방화상 마감을 잘해야 하는 부분(천정 · 벽의 내장 · 연소의 우려가 있는 외벽 등)에 대하여 사전에 화재에 대한 대비를 하여 둠으로써 화재시에 피해를 줄이고 화재의 확산을 방지하기 위하여 재료의 방화상 성능을 정의한 것이다.

✓ 불연재료 : 화재시 불에 녹거나 적열이 되더라도 연소현상을 일으키지 않아 화염과 연기를 발생시키지 않는 재료를 말한다.

(1) 불연재료

불에 타지 아니하는 성질을 가진 재료로서 국토교통부령이 정하는 기준에 적합한 재료를 말한다.

(2) 준불연재료

불연재료에 준하는 성질을 가진 재료로서 국토교통부령이 정하는 기준에 적합한 재료를 말한다.

(3) 난연재료

불에 잘 타지 아니하는 성질을 가진 재료로서 국토교통부령이 정하는 기준에 적합한 재료를 말한다.

표 1-7 불연재료 · 준불연재료 · 난연재료 기준

구 분	시험결과*	재료
불연재료	질량감소율 등이 불연재료의 성능기준을 충족하는 것	콘크리트 · 석재 · 벽돌 · 기와 · 석면판 · 철망 · 알루미늄 · 유리 · 시멘트모르타르 · 회 및 기타 이와 유사한 불연성의 재료로서 국토교통부장관이 인정하는 재료
준불연재료	가스유해성 열방출량 등이 준불연재료의 성능기준을 충족하는 것	-
난연재료	가스유해성, 열방출량 등이 난연재료의 성능기준을 충족하는 것	-

* 「산업표준화법」에 의한 한국산업규격이 정하는 바에 의하여 시험한 결과를 말한다.

13) 도로

문) 다음 중 건축법령 규정 중 건축재료에 해당되지 않는 것은?

㉮ 불연재료
㉯ 준불연재료
㉰ 난연재료
㉱ 방화재료

해답 ㉱

건축법상 도로란 평상시에 건축물 이용에 지장이 없도록 보행 및 자동차 통행이 가능한 4미터 이상의 도로를 말한다.

(1) 통과도로

보행 및 자동차 통행이 가능한 너비 4미터 이상의 도로로 다음 중 어느 하나에 해당하는 도로 또는 예정도로를 말한다.

① 「국토의 계획 및 이용에 관한 법률」·「도로법」·「사도법」 기타 관계 법령에 따라 신설 또는 변경에 관한 고시가 된 도로

② 건축허가 또는 신고 시에 특별시장 · 광역시장 · 도지사 · 특별자치도지사(이하 '시 · 도지사'라 한다) 또는 시장군수 · 구청장(자치구의 구청장에 한한다)이 위치를 지정하여 공고한 도로

(2) 지형적 조건으로 차량통행을 위한 도로의 설치가 곤란한 경우 도로의 설치가 곤란하다고 인정하여 특별자치시장 · 특별자치도지사 또는 시장 · 군수 · 구청장이 그 위치를 지정 · 공고하는 구간의 너비 3미터 이상(길이가 10미터 미만인 막다른 도로인 경우에는 너비 2미터 이상)인 도로

(3) 막다른 도로

당해 도로의 너비가 그 길이에 따라 각각 다음 표에 정하는 기준 이상인 도로를 말한다.

표 1-8 막다른 도로 기준

막다른 도로의 길이	도로의 너비
10m 미만	2m
10m 이상 35m 미만	3m
35m 이상	6m(도시지역이 아닌 읍 · 면지역은 4m)

문) 막다른 도로의 너비에 관한 기술 중 옳지 않은 것은?

㉮ 도로의 길이가 50m 이상일 때에는 너비가 8m 이상이어야 한다.
㉯ 도로의 길이가 10m 미만일 때에는 너비가 2m 이상이어야 한다.
㉰ 도로의 길이가 10m이상, 35m 미안인 때에는 너비가 3m 이상이어야 한다.
㉱ 도로의 길이가 35m 이상인 때에는 너비가 6m 이상이어야 한다.

해답 ㉮

사진 1-1 막다른 도로

14) 건축주 · 설계자 · 공사감리자 · 공사시공자 · 건축물의 유지관리 및 관계전문기술자

(1) 건축주

건축물의 건축, 대수선, 용도변경, 건축설비의 설치 또는 공작물의 축조에 관한 공사를 발주하거나 현장 관리인을 두어 스스로 그 공사를 행하는 자를 말한다.

(2) 설계자

자기 책임하에(보조자의 조력을 받는 경우를 포함하다) 설계도서를 작성하고 그 설계도서에 의도한 바를 해설하며 지도 · 자문하는 자를 말한다.

(3) 공사감리자

자기 책임하에(보조자의 조력을 받는 경우를 포함한다) 이 법이 정하는 바에 의하여 건축물 · 건축설비 또는 공작물이 설계도서의 내용대로 시공되는지의 여부를 확인하고, 품질관리 · 공사관리 및 안전관리 등에 대하여 지도 · 감독하는 자를 말한다.

문) 건축설비의 설치에 관한 공사를 발주하는 자의 용어는?

㉮ 공사시공자
㉯ 공사감리자
㉰ 설계자
㉱ 건축주

해답 ㉱

(4) 공사시공자

건설관리기본법의 규정에 의한 건설공사를 행하는 자를 말한다.

(5) 건축물의 유지관리

건축물의 소유자나 관리자가 사용 승인된 건축물의 대지 · 구조 · 설비 및 용도 등을 지속적으로 유지하기 위하여 건축물이 멸실될 때까지 관리하는 행위를 말한다.

(6) 관계전문기술자

건축물의 구조 · 설비 등 건축물과 관련된 전문기술자격을 보유하고 설계 및 공사감리에 참여하여 설계자 및 공사감리자와 협력하는 자를 말한다.

15) 특별건축구역

조화롭고 창의적인 건축물의 건축을 통하여 도시경관의 창출, 건설기술 수준향상 및 건축 관련 제도개선을 도모하기 위하여 건축법 또는 관계 법령에 따라 일부 규정을 적용하지 아니하거나 완화 또는 통합하여 적용할 수 있도록 특별히 지정하는 구역을 말한다.
국토교통부는 행정중심복합도시와 혁신도시 기타 필요한 지역을 '특별 건축구역'으로 지정하고, 이 지역에서 공공기관이 업무시설 등을 건축하는 경우 건폐율 · 높이제한 · 일조권 · 주차장 설치 등의 건축법 규정을 완화해 주고 있다.

문) 다음 중 설계도서에 포함되지 않는 것은?

㉮ 공사용 도면
㉯ 견적서
㉰ 구조계산서
㉱ 시방서

해답 ㉯

16) 설계도서

건축물의 건축 등에 관한 공사용 도면, 구조 계산서, 시방서 그 밖에 공사에 필요한 서류를 말한다.

표 1-9 설계도서

관계법령	설계도서
건축법 제2조제14호	① 공사용 도면 ② 구조 계산서 ③ 시방서
건축법 시행규칙 제1조의2	④ 건축설비계산 관계서류 ⑤ 토질 및 지질 관계서류 ⑥ 기타 공사에 필요한 서류

17) 부속건축물 · 부속용도

(1) 부속건축물

같은 대지에서 주된 건축물과 분리된 부속용도의 건축물로서 주된 건축물의 이용 또는 관리하는 데에 필요한 건축물을 말한다.

(2) 부속용도

건축물의 주된 용도의 기능에 필수적인 용도로서 다음 어느 하나에 해당하는 용도를 말한다.

① 건축물의 설비, 대피, 위생, 그 밖에 이와 비슷한 시설의 용도

② 사무, 작업, 집회, 물품저장, 주차, 그 밖에 이와 비슷한 시설의 용도

③ 구내식당 · 직장보육시설 · 구내운동시설 등 종업원 후생복리시설, 구내소각시설, 그 밖에 이와 비슷한 시설의 용도

④ 관계 법령에서 주된 용도의 부수시설로 설치할 수 있도록 규정하고 있는 시설, 그 밖에 국토교통부장관이

이와 유사하다고 인정하여 고시하는 시설의 용도

18) 발코니

건축물의 내부와 외부를 연결하는 완충공간으로서 전망이나 휴식 등의 목적으로 건축물 외벽에 접하여 부가적으로 설치되는 공간을 말한다. 이 경우 주택에 설치되는 발코니로서 국토교통부장관이 정하는 기준(발코니 등의 구조 변경절차 및 설치기준)에 적합한 발코니는 필요에 따라 거실, 침실, 창고 등 다양한 용도로 사용할 수 있다.

✓ 베란다 : 건축물의 일부로서 보통 아래층과 위층의 면적 차로 생긴 공간을 말한다. 거실이나 방에서 연결되어 밖으로 나온 부분을 총칭한다.

발코니는 거실을 연장하기 위해 밖으로 돌출시켜 만든 공간으로서 서양건축의 노대(露臺)의 하나이다. 전용정원이 없는 아파트 건축에서 바깥 공기와 접하는 유일한 장소이고, 식물의 재배 등으로 생활에 여유를 주는 공간이기도 하다.

사진 1-2 베란다

사진 1-3 발코니

19) 고층 · 준초고층 · 초고층 건축물

화재로 인한 피해를 예방하기 위하여 고층 및 초고층 건축물을 정의함으로써 일반 건축물 보다 강화된 건축기준을 적용 할 수 있다.

(1) 고층건축물

층수가 30층 이상이거나 높이가 120미터 이상인 건축물을 말한다.

(2) 준초고층 건축물

고층건물 중 초고층 건축물이 아닌 것을 말한다.

(3) 초고층 건축물

층수가 50층 이상이거나 높이가 200미터 이상인 건축물을 말한다.

20) 실내건축

건축물의 실내를 안전하고 쾌적하며 효율적으로 사용하기 위하여 내부 공간을 칸막이로 구획하거나 벽지, 천장재, 바닥재, 유리 등 다음에 정하는 재료 또는 장식물을 설치하는 것을 말한다.

(1) 벽, 천장. 바닥 및 반자틀의 재료
(2) 실내에 설치하는 난간, 창호 및 출입문의 재료
(3) 실내에 설치하는 전기 · 가스 · 급수 · 배수 · 환기시설의 재료
(4) 실내에 설치하는 충돌 · 끼임 등 사용자의 안전사고 방지를 위한 시설의 재료

21) 한옥

기둥 및 보가 목구조 방식이고 한식지붕틀로 된 구조로서 한식기와, 볏짚, 목재, 흙 등 자연재료로 마감된 우리나라 전통양식이 반영된 건축물 및 그 부속건축물을 말한다.

22) 다중이용 건축물

다중이용 건축물은 일반 건축물 보다 적용되는 기준이 엄격하다. 불특정한 다수가 사용하기 때문에 건축물의 구조·피난 및 소방사항의 검토, 건축물의 안전과 기능을 향상시키고 이용자에게 유해나 위험을 방지하고 공공복리 증진의 목적을 달성하기 위함이다.

다중이용 건축물이란 불특정한 다수의 사람들이 이용하는 건축물로서 다음 어느 하나에 해당하는 건축물을 말한다.

(1) 문화 및 집회시설(전시장 및 동·식물원을 제외한다), 종교시설, 판매시설, 운수시설(여객용 시설만 해당된다), 의료시설 중 종합병원 또는 숙박시설 중 관광숙박시설의 용도에 쓰이는 바닥면적의 합계가 5천 제곱미터 이상인 건축물

(2) 16층 이상인 건축물

23) 특수구조 건축물

특수구조 건축물이란 다음 어느 하나에 해당하는 건축물을 말한다.

(1) 한쪽 끝은 고정되고 다른 끝은 지지(支持)되지 아니한 구조로 된 보·차양 등이 외벽의 중심선으로부터 3미터 이상 돌출된 건축물

(2) 기둥과 기둥 사이의 거리(기둥의 중심선 사이의 거리를 말하며, 기둥이 없는 경우에는 내력벽과 내력벽의 중심선 사이의 거리를 말한다)가 20미터 이상인 건축물

(3) 특수한 설계·시공·공법 등이 필요한 건축물로서 국토교통부장관이 정하여 고시하는 구조로 된 건축물

24) 건축물의 용도

건축물의 용도란 건축물의 종류를 유사한 구조, 이용목적 및 형태별로 묶어 분류한 것을 말하며 크게 28가지로 분류한다.

건축물의 용도는 다음과 같이 구분하되, 각 용도에 속하는 건축물의 세부 용도는 대통령령으로 정한다.

(1) 단독주택

단독주택은 순수하게 한 가족만 살 수 있는 단독주택 이외에도 하숙생이 하숙할 수 있는 다중주택과 임대를 목적으로 한 다가구주택, 그리고 공관으로 구분된다. 가정어린이집·공동생활가정·지역아동센터 및 노인복지시설(노인복지주택은 제외)을

설치 · 운영하더라도 단독주택에 포함 한다.

① 단독주택

② 다중주택 - 다음의 요건을 갖춘 주택을 말한다.

㉠ 학생 또는 직장인 등 여러 사람이 장기간 거주할 수 있는 구조로 되어 있는 것

㉡ 독립된 주거의 형태를 갖추지 아니한 것(각 실별로 욕실은 설치 할 수 있으나, 취사시설은 설치하지 아니한 것을 말한다.)

㉢ 연면적이 330제곱미터 이하이고 층수가 3층 이하인 것

③ 다가구주택 - 다음의 요건을 모두 갖춘 주택으로서 공동주택에 해당하지 아니하는 것을 말한다.

㉠ 주택으로 쓰는 층수(지하층은 제외한다)가 3개 층 이하일 것. 다만, 1층의 바닥면적 2분의 1 이상을 필로티 구조로 하여 주차장으로 사용하고, 나머지 부분을 주택 외의 용도로 쓰는 경우에는 해당 층을 층수에서 제외한다.

㉡ 1개 동의 주택으로 쓰이는 바닥면적(부설 주차장 면적은 제외한다)의 합계가 660제곱미터 이하일 것

㉢ 19세대 이하가 거주할 수 있을 것

④ 공관

✓ 공관 : 공공기관의 기관장 주거 등을 위해 사용하는 공관은 단독주택으로 분류된다. 교회의 목사관이나 일반기업의 대표자 숙소가 여기에 해당한다.

(2)공동주택

공동주택의 형태를 갖춘 가정어린이집 · 공동생활가정 · 지역아동센터 · 노인복지시설 및 「주택법 시행령」에 따른 원룸형 주택을 포함한다.

다만, 아파트나 연립주택에서 층수를 산정할 때 1층 전부를 필로티 구조로 하여 주차장으로 사용하는 경우에는 필로티 부분을 층수에서 제외하고, 다세대주택에서 층수를 산정할 때 1층의 바닥면적 2분의 1 이상을 필로티 구조로 하여 주차장으로 사용하고 나머지 부분을 주택 외의 용도로 쓰는 경우에는 해당 층을 주택

의 층수에서 제외한다.

① 아파트 - 주택으로 쓰는 층수가 5개 층 이상인 주택

② 연립주택 - 주택으로 쓰는 1개 동의 바닥면적(2개 이상의 동을 지하주차장으로 연결하는 경우에는 각각의 동으로 본다) 합계가 660제곱미터를 초과하고, 층수가 4개층 이하인 주택

③ 다세대주택 - 주택으로 쓰는 1개 동의 바닥면적 합계가 660제곱미터 이하이고, 층수가 4개 층 이하인 주택(2개 이상의 동을 지하주차장으로 연결하는 경우에는 각각의 동으로 본다)

④ 기숙사 - 학교 또는 공장 등의 학생 또는 종업원 등을 위하여 쓰는 것으로서 공동취사 등을 할 수 있는 구조를 갖추되, 독립된 주거의 형태를 갖추지 아니한 것(「교육기본법」에 따른 학생복지주택을 포함한다)

(3) 제1종 근린생활시설

① 슈퍼마켓과 일용품(식품 · 잡화 · 의류 · 완구 · 서적 · 건축자재 · 의약품 · 의료기기 등) 등의 소매점으로서 같은 건축물(하나의 대지에 두 동 이상의 건축물이 있는 경우에는 이를 같은 건축물로 본다)에 해당 용도로 쓰는 바닥면적의 합계가 1천 제곱미터 미만인 것

② 휴게음식점 또는 제과점으로서 같은 건축물에 해당 용도로 쓰는 바닥면적의 합계가 300제곱미터 미만인 것

③ 이용원, 미용원, 목욕장 및 세탁소(공장이 부설된 것과 「대기환경보전법」, 「수질 및 수생태계 보전에 관한 법률」 또는 「소음 · 진동관리법」에 따른 배출시설의 설치허가 또는 신고의 대상이 되는 것은 제외한다)

④ 의원 · 치과의원 · 한의원 · 침술원 · 접골원(接骨院), 조산원, 산후조리원 및 안마원

문) 건축법상 공동주택으로 볼 수 없는 것은?

㉮ 아파트
㉯ 연립주택
㉰ 다세대주택
㉱ 다가구주택

해답 ㉱

⑤ 탁구장 및 체육도장으로서 같은 건축물에 해당 용도로 쓰는 바닥면적의 합계가 500제곱미터 미만인 것

⑥ 지역자치센터, 파출소, 지구대, 소방서, 우체국, 방송국, 보건소, 공공도서관, 지역건강 보험조합, 그밖에 이와 비슷한 것으로서 같은 건축물에 해당 용도로 쓰는 바닥면적의 합계가 1천 제곱미터 미만인 것

⑦ 마을회관, 마을공동작업소, 마을공동구판장, 그밖에 이와 비슷한 것

⑧ 변전소, 양수장, 정수장, 대피소, 공중화장실, 그밖에 이와 비슷한 것

⑨ 지역아동센터(단독주택과 공동주택에 해당하지 아니한 것을 말한다)

⑩ 「도시가스사업법」에 따른 가스배관시설

(4) 제2종 근린생활시설

① 일반음식점, 기원

② 휴게음식점 또는 제과점으로서 제1종 근린생활시설에 해당하지 아니하는 것

③ 서점으로서 제1종 근린생활시설에 해당하지 아니하는 것

④ 테니스장, 체력단련장, 에어로빅장, 볼링장, 당구장, 실내낚시터, 골프연습장, 물놀이형시설 (「관광진흥법」에 따른 안전성 검사의 대상이 되는 물놀이형 시설을 말한다), 그 밖에 이와 비슷한 것으로서 같은 건축물에 해당 용도로 쓰이는 바닥면적의 합계가 500제곱미터 미만인 것

⑤ 공연장(극장, 영화관, 연예장, 음악당, 서커스장, 「영화 및 비디오물의 진흥에 관한 법률」에 따른 비디오물감상실, 비디오물소극장, 그 밖에 이와 비슷한 것을 말한다) 또는 종교집회장(교회, 성당, 사찰, 기도원, 수도원, 수녀원, 제실

문) 다음의 용도분류 중에서 잘못 분류된 것은?

㉮ 공동주택 - 다세대주택
㉯ 제1종 근린생활시설 - 일반목욕장
㉰ 의료시설 - 요양원
㉱ 위락시설 - 안마시술소

해답 ㉱

(際室), 사당, 그 밖에 이와 비슷한 것을 말한다) 으로서 같은 건축물에 해당 용도로 쓰는 바닥면적의 합계가 300제곱미터 미만인 것

⑥ 금융업소, 사무소, 부동산중개사무소, 결혼상담소 등 소개업소, 출판사, 그 밖에 이와 비슷한 것으로서 같은 건축물에 해당 용도로 쓰는 바닥면적의 합계가 500제곱미터 미만인 것

⑦ 제조업소, 수리점, 세탁소, 그 밖에 이와 비슷한 것으로서 같은 건축물에 해당 용도로 쓰는 바닥면적의 합계가 500제곱미터 미만이고, 다음의 요건 중 어느 하나에 해당되는 시설

㉠ 「대기환경보전법」, 「수질 및 수생태계 보전에 관한 법률」 또는 「소음 · 진동관리법」에 따른 배출시설의 설치허가 또는 신고의 대상이 아닌 것

㉡ 「대기환경보전법」, 「수질 및 수생태계 보전에 관한 법률」 또는 「소음 · 진동관리법」에 따른 설치허가 또는 신고대상 시설이나 귀금속 · 장신구 및 관련 제품 제조시설로서 발생되는 폐수를 전량 위탁 처리하는 것

⑧ 「게임산업진흥에 관한 법률」에 따른 청소년게임제공업의 시설 및 복합유통게임제공업의 시설(청소년 이용 불가 게임물을 제공하는 경우는 제외한다)로서 같은 건축물에 그 용도로 쓰는 바닥면적의 합계가 500제곱미터 미만인 것과 인터넷컴퓨터게임시설제공업의 시설로서 같은 건축물에 그 용도로 쓰는 바닥면적의 합계가 300제곱미터 미만인 것

⑨ 사진관, 표구점, 학원(같은 건축물에 해당 용도로 쓰는 바닥면적의 합계가 500제곱미터 미만인 것만 해당되며, 자동차학원 및 무도학원을 제외한다), 직업훈련소(같은 건축물에 해당 용도로 쓰는 바닥면적의 합계가 500제

곱미터 미만인 것을 말하되, 운전 · 정비 관련 직업훈련소는 제외한다), 장의사, 동물병원, 독서실, 총포판매사, 그 밖에 이와 비슷한 것

⑩ 단란주점으로서 같은 건축물에 해당 용도로 쓰는 바닥면적의 합계가 150제곱미터 미만인 것

⑪ 의약품 판매소, 의료기기 판매소 및 자동차영업소로서 같은 건축물에 해당 용도로 쓰는 바닥면적의 합계가 1천 제곱미터 미만인 것

⑫ 안마시술소 및 노래연습장

⑬ 고시원(「다중이용업소의 안전관리에 관한 특별법」에 따른 다중이용업 중 고시원업의 시설로서 독립된 주거의 형태를 갖추지 아니한 것을 말한다)으로서 같은 건축물에 해당 용도로 쓰는 바닥면적의 합계가 500제곱미터 미만인 것

(5) 문화와 집회시설

① 공연장 - 제2종 근린생활시설에 해당하지 아니하는 것

② 집회장 - 예식장, 공회당, 회의장, 마권(馬券) 장외 발매소, 마권 전화투표소, 그 밖에 이와 비슷한 것으로서 제2종 근린생활시설에 해당하지 아니하는 것

③ 관람장 -경마장, 경륜장, 경정장, 자동차 경기장, 그 밖에 이와 비슷한 것과 체육관 및 운동장으로서 관람석의 바닥면적의 합계가 1천 제곱미터 이상인 것

④ 전시장 -박물관, 미술관, 과학관, 문화관, 체험관, 기념관, 산업전시장, 박람회장, 그 밖에 이와 비슷한 것

⑤ 동 · 식물원 -동물원, 식물원, 수족관, 그 밖에 이와 비슷한 것

(6) 종교시설

① 종교집회장 - 제2종 근린생활시설에 해당하지 아니하는 것

② 봉안당 - 종교집회장에 설치하는 봉안당(奉安堂)으로서 제2종 근린생활시설에 해당하지 아니하는 것

(7) 판매시설

① 도매시장 - 「농수산물유통 및 가격안정에 관한 법률」에 따른 농수산물도매시장, 농수산물공판장, 그 밖에 이와 비슷한 것을 말하며, 그 안에 있는 근린생활시설을 포함한다.

② 소매시장 - 「유통산업발전법」에 따른 대규모 점포, 그 밖에 이와 비슷 한 것을 말하며, 그 안에 있는 근린생활시설을 포함한다.

③ 상점(그 안에 있는 근린생활시설을 포함한다) - 「게임산업진흥에 관한 법률」에 따른 청소년게임제공업의 시설, 일반게임제공업의 시설, 인터넷컴퓨터게임시설제공업의 시설 및 복합유통게임제공업의 시설로서 제2종 근린생활시설에 해당하지 아니하는 것

(8) 운수시설

① 여객자동차터미널

② 철도시설

③ 공항시설

④ 항만시설

(9) 의료시설

① 병원 - 종합병원, 병원, 치과병원, 한방병원, 정신병원 및 요양원

② 격리병원 – 전염병원, 마약진료소, 그 밖에 이와 비슷한 것

(10) 교육연구시설 (제2종 근린생활시설에 해당하는 것은 제외한다)

① 학교 – 유치원, 초등학교, 중학교, 고등학교, 전문대학, 대학, 대학교, 그 밖에 이에 준하는 각종 학교

② 교육원 – 연수원, 그 밖에 이와 비슷한 것을 포함한다

③ 직업훈련소 – 운전 및 정비 관련 직업훈련소는 제외한다

④ 학원 – 자동차학원 및 무도학원은 제외한다

⑤ 연구소 – 연구소에 준하는 시험소와 계측계량소를 포함한다

⑥ 도서관

(11) 노유자시설

① 아동관련시설 – 어린이집, 아동복지시설, 그 밖에 이와 비슷한 것으로서 단독주택, 공동주택 및 제1종 근린생활시설에 해당하지 아니하는 것

② 노인복지시설 – 단독주택과 공동주택에 해당하지 아니하는 것

③ 그 밖에 다른 용도로 분류되지 아니한 사회복지시설 및 근로복지시설

(12) 수련시설

① 생활권 수련시설 – 「청소년활동진흥법」에 따른 청소년수련관, 청소년문화의 집, 청소년특화시설, 그 밖에 이와 비슷한

② 자연권 수련시설 – 「청소년활동진흥법」에 따른 청소년수련원, 청소년야영장, 그 밖에 이와 비슷한 것

③ 「청소년활동진흥법」에 따른 유스호스텔

(13) 운동시설

① 탁구장, 체육도장, 테니스장, 체력단련장, 에어로빅장, 볼링장, 당구장, 실내낚시터, 골프연습장, 물놀이형 시설, 그 밖에 이와 비슷한 것으로서 제1종 근린생활시설 및 제2종 근린생활시설에 해당하지 아니하는 것으로서 바닥 면적합계가 500제곱미터 이상인 것

② 체육관으로서 관람석이 없거나 관람석의 바닥 면적이 1천 제곱미터 미만인 것

③ 운동장(육상장, 구기장, 볼링장, 수영장, 스케이트장, 롤러스케이트장, 승마장, 사격장, 궁도장, 골프장 등과 이에 딸린 건축물을 말한다)으로서 관람석이 없거나 관람석의 바닥면적이 1천 제곱미터 미만인 것

(14) 업무시설

① 공공업무시설 - 국가 또는 지방자치단체의 청사와 외국공관의 건축물로서 제1종 근린생활시설에 해당하지 아니하는 것

② 일반업무시설

㉠ 금융업소, 사무소, 결혼상담소 등 소개업소, 출판사, 신문사, 그 밖에 이와 비슷한 것으로서 제2종 근린생활시설에 해당하지 않는 것

㉡ 오피스텔(업무를 주로 하며, 분양하거나 임대하는 구획 중 일부 구획에서 숙식을 할 수 있도록 한 건축물로서 국토교통부장관이 고시하는 기준에 적합한 것을 말한다)

(15) 숙박시설

① 일반숙박시설 및 생활숙박시설

② 관광숙박시설 - 관광호텔, 수상관광호텔, 한국전통호텔,

문) 다음 중 숙박시설이 아닌 것은?

㉮ 휴양 콘도미디엄
㉯ 한국전통호텔
㉰ 유스호스텔
㉱ 가족호텔

해답 ㉰

가족호텔, 호스텔, 소형호텔, 의료관광호텔 및 휴양 콘도미니엄

③ 고시원 - 제2종 근린생활시설에 해당하지 아니하는 것

④ 그 밖에 ①부터 ③까지의 시설과 비슷한 것

(16) 위락시설

① 단란주점으로서 제2종 근린생활시설에 해당하지 아니하는 것으로 바닥면적 합계가 150제곱미터 이상인것

② 유흥주점 - 그 밖에 이와 비슷한 것

③ 「관광진흥법」에 따른 유원시설업의 시설, 그 밖에 이와 비슷한 것으로서 제2종 근린생활시설과 운동시설에 해당하는 것은 제외한다.

④ 무도장, 무도학원

⑤ 카지노영업소

(17) 공장

물품의 제조 · 가공(염색 · 도장(塗裝) · 표백 · 재봉 · 건조 · 인쇄 등을 포함한다) 또는 수리에 계속적으로 이용되는 건축물로서 제1종 근린생활시설, 제2종 근린생활시설, 위험물저장 및 처리시설, 자동차 관련시설, 분뇨 및 쓰레기처리시설 등으로 따로 분류되지 아니한 것

(18) 창고시설

위험물 저장 및 처리 시설 또는 그 부속용도에 해당하는 것은 제외한다

① 창고(물품저장시설로서 「물류정책기본법」에 따른 일반창고와 냉장 및 냉동 창고를 포함한다)

② 하역장

③ 「물류시설의 개발 및 운영에 관한 법률」에 따른 물류터미널

④ 집배송 시설

(19) 위험물 저장 및 처리 시설

「위험물안전관리법」, 「석유 및 석유대체연료 사업법」, 「도시가스사업법」, 「고압가스 안전관리법」, 「액화석유가스의 안전관리 및 사업법」, 「총포·도검·화약류 등 단속법」, 「유해화학물질 관리법」 등에 따라 영업의 허가를 받아야 하는 건축물로서 다음의 어느 하나에 해당하는 것. 다만, 자가난방, 자가발전, 그 밖에 이와 비슷한 목적으로 쓰는 저장시설은 제외한다.

① 주유소(기계식 세차설비를 포함한다) 및 석유 판매소
② 액화석유가스 충전소 · 판매소 · 저장소(기계식 세차설비를 포함한다)
③ 위험물 제조소 · 저장소 · 취급소
④ 액화가스 취급소 · 판매소
⑤ 유독물 보관 · 저장 · 판매시설
⑥ 고압가스 충전소 · 판매소 · 저장소
⑦ 도료류 판매소
⑧ 도시가스 제조시설
⑨ 화약류 저장소
⑩ 그 밖에 ①부터 ⑨까지의 시설과 비슷한 것

(20) 자동차 관련 시설 (건설기계 관련시설을 포함한다)

① 주차장
② 세차장
③ 폐차장
④ 검사장
⑤ 매매장
⑥ 정비공장
⑦ 운전학원 및 정비학원(운전 및 정비 관련 직업훈련시설

을 포함한다)

⑧ 「여객자동차 운수사업법」, 「화물자동차 운수사업법」 및 「건설기계관리법」에 따른 차고 및 주기장(駐機場)

(21) 동물 및 식물 관련 시설

① 축사 - 양잠 · 양봉 · 양어시설 및 부화장 등을 포함한다

② 가축시설 - 가축용 운동시설, 인공수정센터, 관리사(管理舍), 가축용 창고, 가축시장, 동물검역소, 실험동물 사육시설, 그 밖에 이와 비슷한 것

③ 도축장

④ 도계장

⑤ 작물 재배사

⑥ 종묘배양시설

⑦ 화초 및 분재 등의 온실

⑧ 식물과 관련된 ⑤부터 ⑦까지의 시설과 비슷한 것 (동 · 식물원은 제외한다)

(22) 자원순환 관련 시설

① 하수 등 처리시설

② 고물상

③ 폐기물재활용시설

④ 폐기물 처분시설

⑤ 폐기물 감량화시설

(23) 교정 및 군사시설 (제1종 근린생활시설에 해당하는 것은 제외)

① 교정시설 - 보호감호소, 구치소 및 교도소를 말한다.

② 갱생보호시설, 그 밖에 범죄자의 갱생 · 보육 · 교육 · 보건 등의 용도로 쓰는 시설

③ 소년원 및 소년분류심사원

④ 국방 · 군사시설

(24) 방송통신시설 (제1종 근린생활시설에 해당하는 것은 제외)

① 방송국 – 방송프로그램 제작시설 및 송신 · 수신 · 중계시설을 포함한다

② 전신전화국

③ 촬영소

④ 통신용 시설

⑤ 그밖에 ①부터 ④까지의 시설과 비슷한 것

(25) 발전시설

발전소(집단에너지 공급시설을 포함한다)로 사용되는 건축물로서 제1종 근린생활시설에 해당하지 아니하는 것

(26) 묘지관련시설

① 화장시설

② 봉안당(종교시설에 해당하는 것은 제외한다)

③ 묘지와 자연장지에 부수되는 건축물

(27) 관광 휴게시설

① 야외음악당

② 야외극장

③ 어린이회관

④ 관망탑

⑤ 휴게소

⑥ 공원 · 유원지 또는 관광지에 부수되는 시설

(28) 장례식장

의료시설의 부수시설(「의료법」제36조제1호에 따른 의료기관의 종류에 따른 시설을 말한다)에 해당하는 것은 제외한다.

02 용도지역 및 용도지구안의 건축물

전 국토를 종합적이고 체계적으로 관리할 수 있는 수단으로써 가장 용이하게 사용하는 것은 용도지역 · 지구제이다. 도시지역과 관리지역, 농림지역과 자연환경보전지역으로 나눠지는 용도지역제와 거기에 입지별 특성을 확충하기 위해 미관지구와 경관지구, 보존지구와 고도지구 등으로 구분하는 용도지구제가 있다.

이러한 용도지역 · 지구에 따라 건축할 수 있는 건축물의 종류와 건축물의 높이, 용적률과 건폐율 기준을 달리하는 수단을 통해 국토와 도시를 체계적으로 관리하고 있다.

1. 용도지역의 지정 및 세분

1) 용도지역의 지정

국토교통부장관 또는 시 · 도지사 또는 대도시의 시장은 「국토의 계획 및 이용에 관한 법률」 제36조(용도지역의 지정)의 규정에 의하여 다음과 같이 용도지역의 지정 또는 변경을 도시관리계획으로 결정한다.

(1) 도시지역
① 주거지역 ② 상업지역 ③ 공업지역 ④ 녹지지역

(2) 관리지역
① 보전관리지역 ② 생산관리지역 ③ 계획관리지역

(3) 농림지역

(4)자연환경보전지역

문) 건축법에서 규정하고 있지 않은 것은?

㉮ 대지안에 조경에 관한 사항
㉯ 건축물의 구조안전의 확인
㉰ 건축물의 유지 · 관리
㉱ 지역 및 지구의 지정

해답 ㉱

표 2-1 용도지역의 지정 및 목적

용도지역의 지정		지 정 목 적
도시지역	주거지역	거주의 안녕과 건전한 생활환경의 보호를 위하여 필요한 지역
	상업지역	상업 그 밖의 업무의 편익증진을 위하여 필요한 지역
	공업지역	공업의 편익증진을 위하여 필요한 지역
	녹지지역	자연환경 · 농지 및 삼림의 보호, 보건위생, 보안과 도시의 무질서한 확산을 방지하기 위하여 녹지의 보전이 필요한 지역
관리지역	보전관리지역	자연환경보호, 삼림보호, 수질오염방지, 녹지공간 확보 및 생태계 보전 등을 위하여 보전이 필요하나, 주변의 용도지역과의 관계 등을 고려할 때 자연환경보전지역으로 지정하여 관리하기가 곤란한 지역
	생산관리지역	농업 · 임업 · 어업생산 등을 위하여 관리가 필요하나, 주변의 용도지역과의 관계 등을 고려할 때 농림지역으로 지정하여 관리하기가 곤란한 지역
	계획관리지역	도시지역으로의 편입이 예상되는 지역 또는 자연환경을 고려하여 제한적인 이용 · 개발을 하려는 지역으로서 계획적 · 체계적인 관리가 필요한 지역
농림지역	-	도시지역에 속하지 아니하는 농지법에 의한 농업진흥지역 또는 산지관리법에 의한 보전산지 등으로서 농립업의 진흥과 산림의 보전을 위하여 필요한 지역
자연환경 보전지역	-	자연환경, 수자원, 해안, 생태계, 상수원 및 문화재의 보전과 수산자원의 보호 · 육성 등을 위하여 필요한 지역

2) 용도지역의 세분

국토교통부장관 또는 시 · 도지사 또는 「지방자치법」 제175조에 따른 서울특별시 · 광역시 및 특별자치시를 제외한 인구 50만 이상 대도시는 「국토의 계획 및 이용에 관한 법률」 제 36조(용도지역의 지정) 와 동시행령 제30조의 규정에 의하여 도시관리계획결정으로 주거지역, 상업지역, 공업지역 및 녹지지역을 다음과 같이 세분하여 지정할 수 있다.

(1) 주거지역

① 전용주거지역(제1종 전용주거지역, 제2종 전용주거지역)

② 일반주거지역(제1종 일반주거지역, 제2종 일반주거지역,

제3종 일반주거지역)

③ 준주거지역

(2) 상업지역

① 중심상업지역 ② 일반상업지역 ③ 근린상업지역

④ 유통상업지역

(3) 공업지역

① 전용공업지역 ② 일반공업지역 ③ 준공업지역

(4) 녹지지역

① 보전녹지지역 ② 생산녹지지역 ③ 자연녹지지역

표 2-2 용도지역의 세분 및 목적

<table>
<tr><th>용도
지역</th><th colspan="2">용도지역의 세분</th><th>지 정 목 적</th></tr>
<tr><td rowspan="6">주거
지역</td><td rowspan="2">전용주거지역</td><td>제1종전용주거지역</td><td>단독주택중심의 양호한 주거환경을 보호하기 위하여 필요한 지역</td></tr>
<tr><td>제2종전용주거지역</td><td>공동주택중심의 양호한 주거환경을 보호하기 위하여 필요한 지역</td></tr>
<tr><td rowspan="3">일반주거지역</td><td>제1종일반주거지역</td><td>저층주택을 중심으로 편리한 주거환경을 조성하기 위하여 필요한 지역</td></tr>
<tr><td>제2종일반주거지역</td><td>중층주택을 중심으로 편리한 주거환경을 조성하기 위하여 필요한 지역</td></tr>
<tr><td>제3종일반주거지역</td><td>중·고층주택을 중심으로 편리한 주거환경을 조성하기 위하여 필요한 지역</td></tr>
<tr><td>준주거
지역</td><td colspan="2">주거기능을 위주로 이를 지원하는 일부 상업기능 및 업무기능을 보완하기 위하여 필요한 지역</td></tr>
<tr><td rowspan="4">상업
지역</td><td>중심상업지역</td><td colspan="2">도심·부도심의 사업기능 및 업무기능의 확충을 위하여 필요한 지역</td></tr>
<tr><td>일반상업지역</td><td colspan="2">일반적인 상업기능 및 업무기능을 담당하게 하기 위하여 필요한 지역</td></tr>
<tr><td>근린상업지역</td><td colspan="2">근린지역에서의 일용품 및 서비스의 공급을 위하여 필요한 지역</td></tr>
<tr><td>유통상업지역</td><td colspan="2">도시내 및 지역간 유통기능의 증진을 위하여 필요한 지역</td></tr>
<tr><td rowspan="3">공업
지역</td><td>전용공업지역</td><td colspan="2">주로 중화학공업 · 공해성공업 등을 수용하기 위하여 필요한 지역</td></tr>
<tr><td>일반공업지역</td><td colspan="2">환경을 저해하지 아니하는 공업의 배치를 위하여 필요한 지역</td></tr>
<tr><td>준공업지역</td><td colspan="2">경공업 그 밖의 공업을 수용하되, 주거기능·상업기능 및 업무기능의 보완이 필요한 지역</td></tr>
<tr><td rowspan="3">녹지
지역</td><td>보전녹지지역</td><td colspan="2">도시의 자연환경·경관·산림 및 녹지공간을 보전할 필요가 있는 지역</td></tr>
<tr><td>생산녹지지역</td><td colspan="2">주로 농업적 생산을 위하여 개발을 유보할 필요가 있는 지역</td></tr>
<tr><td>자연녹지지역</td><td colspan="2">도시의 녹지공간의 확보, 도시확산의 방지, 장래 도시용지의 공급 등을 위하여 보전할 필요가 있는 지역으로서 불가피한 경우에 한하여 제한적인 개발이 허용되는 지역</td></tr>
</table>

2. 용도지구의 지정 및 세분

지구는 지역의 보완 역할을 하는 것으로 각 지방의 특성에 따라 부분적으로 지정되는 것이며, 지역과는 물론 타 지구와의 중복 지정도 가능하다. 주로 용도 형태, 환경 보존 또는 구조의 규제를 시 · 군 · 구의 조례로 정하게 된다.

이것은 지역의 건축 제한만으로는 복잡 다양한 건축 규제를 다할 수 없으므로 다시 지구로서 세분하여 지역에 따른 용도 제한 및 형태 제한 등으로 보완하게 된다.

지구의 지정과 세분에 대하여 「국토의 계획 및 이용에 관한 법률」 제37조와 동시행령 제31조의 내용을 정리하면 다음과 같다.

1) 용도지구의 지정 및 세분

(1) 경관지구

① 자연경관지구 ② 수변경관지구 ③ 시가지경관지구

(2) 미관지구

① 중심지미관지구 ② 역사문화미관지구 ③ 일반미관지구

(3) 고도지구

① 최고고도지구 ② 최저고도지구

(4) 방재지구

①시가지 방재지구 ② 자연방재지구

(5) 보존지구

① 역사문화환경보존지구 ② 중요시설보존지구 ③ 생태

계보존지구

(6) 시설보호지구

① 학교시설보호지구 ② 공용시설보호지구 ③ 항만시설보호지구 ④ 공항시설보호지구

(7) 취락지구

① 자연취락지구 ② 집단취락지구

(8) 개발진흥지구

① 주거개발진흥지구 ② 산업 · 유통개발진흥지구
③ 관광 · 휴양개발진흥지구 ④ 복합개발진흥지구
⑤ 특정개발진흥지구

(9) 특정용도제한지구

(10) 그밖에 대통령령이 정하는 지구

표 2-3 용도지구의 지정 및 목적

용도지구의 지정		지 정 목 적
경관지구	자연경관지구	산지 · 구릉지 등 자연경관의 보호 또는 도시의 자연풍치를 유지하기 위하여 필요한 지구
	수변경관지구	지역내 주요 수계의 수변 자연환경을 보호 · 유지하기 위하여 필요한 지구
	시가지경관지구	주거지역의 양호한 환경조성과 시가지의 도시경관을 보호하기 위하여 필요한 지구
미관지구	중심지미관지구	토지의 이용도가 높은 지역의 미관을 유지 · 관리하기 위하여 필요한 지구
	역사문화미관지구	문화재와 문화적으로 보존가치가 큰 건축물 등의 미관을 유지 · 관리하기 위하여 필요한 지구
	일반미관지구	중심지 미관지구 및 역사문화 미관지구 외의 지역으로서 미관을 유지 · 관리하기 위하여 필요한 지구
고도지구	최고고도지구	환경과 경관을 보호하고 과밀을 방지하기 위하여 건축물 높이의 최고한도를 정할 필요가 있는 지구

<table>
<tr><td></td><td>최저고도지구</td><td>토지이용을 고도화하고 경관을 보호하기 위하여 건축물 높이의 최저한도를 정할 필요가 있는 지구</td></tr>
<tr><td rowspan="2">방재
지구</td><td>시가지방재지구</td><td>건축물 · 인구가 밀집되어 있는 지역으로서 시설 개선 등을 통하여 재해 예방이 필요한 지구</td></tr>
<tr><td>자연방재지구</td><td>토지의 이용도가 낮은 해안변, 하천변, 급경사지 주변 등의 지역으로서 건축 제한 등을 통하여 재해 예방이 필요한 지구</td></tr>
<tr><td rowspan="3">보존
지구</td><td>역사문화환경보존지구</td><td>문화재 · 전통사찰 등 역사 · 문화적으로 보존가치가 큰 시설 및 지역의 보호와 보존을 위하여 필요한 지구</td></tr>
<tr><td>중요시설보존지구</td><td>국방상 또는 안보상 중요한 시설물의 보호와 보존을 위하여 필요한 지구</td></tr>
<tr><td>생태계보존지구</td><td>야생 동식물서식처 등 생태적으로 보존가치가 큰 지역의 보호와 보존을 위하여 필요한 지구</td></tr>
<tr><td rowspan="4">시설
보호
지구</td><td>학교시설보호지구</td><td>학교의 교육환경을 보호 · 유지하기 위하여 필요한 지구</td></tr>
<tr><td>공용시설보호지구</td><td>고용시설을 보호하고 공공업무기능을 효율화하기 위하여 필요한 지구</td></tr>
<tr><td>항만시설보호지구</td><td>항만기능을 효율화하고 항만시설을 관리 · 운영하기 위하여 필요한 지구</td></tr>
<tr><td>공항시설보호지구</td><td>공항시설의 보호와 항공기의 안전운항을 위하여 필요한 지구</td></tr>
<tr><td rowspan="2">취락
지구</td><td>자연취락지구</td><td>녹지지역 · 관리지역 · 농림지역 또는 자연환경 보전지역안의 취락을 정비하기 위하여 필요한 지구</td></tr>
<tr><td>집단취락지구</td><td>개발제한구역안의 취락을 정비하기 위하여 필요한 지구</td></tr>
<tr><td rowspan="5">개발
진흥
지구</td><td>주거개발진흥지구</td><td>주거기능을 중심으로 개발 · 정비할 필요가 있는 지구</td></tr>
<tr><td>산업 · 유통개발진흥지구</td><td>공업기능 및 유통 · 물류기능을 중심으로 개발 · 정비할 필요가 있는 지구</td></tr>
<tr><td>관광 · 휴양개발진흥지구</td><td>관광 · 휴양기능을 중심으로 개발 · 정비할 필요가 있는 지구</td></tr>
<tr><td>복합개발진흥지구</td><td>주거기능, 공업기능, 유통 · 물류기능 및 관광 · 휴양기능 중 2 이상의 기능을 중심으로 개발 · 정비할 필요가 있는 지구</td></tr>
<tr><td>특정개발진흥지구</td><td>주거기능, 공업기능, 유통 · 물류기능 및 관광 · 휴양기능 외의 기능을 중심으로 특정한 목적을 위하여 개발 · 정비할 필요가 있는 지구</td></tr>
<tr><td colspan="2">특정용도제한지구</td><td>주거기능 보호 또는 청소년 보호 등의 목적으로 청소년 유해시설 등 측정 시설의 입지 제한</td></tr>
<tr><td colspan="2">기타 지구</td><td>시 · 도의 조례로 정하는 용도지구</td></tr>
</table>

3. 대지가 지역 · 지구 또는 구역에 걸치는 경우의 조치

1) 대지가 지역 · 지구 또는 구역에 걸치는 경우

건축물 및 대지의 전부에 대하여 지역 · 지구(녹지지역과 방화지구는 제외한다) 또는 구역에 걸치는 경우에는 그 건축물과 대지의 전부에 대하여 대지의 과반(過半)이 속하는 지역 · 지구 또는 구역 안의 건축물 및 대지 등에 관한 규정을 적용한다.

단, 건축물이 미관지구(美觀地區)에 걸치는 경우에는 그 전부에 대하여 미관지구안의 건축물 및 대지 등에 관한 규정을 적용한다.

또한 앞의 원칙에도 불구하고 해당 대지의 규모와 그 대지가 속한 용도지역 · 지구 또는 구역의 성격 등 그 대지에 관한 주변여건상 필요하다고 인정하여 해당 지방자치단체의 조례로 적용방법을 따로 정하는 경우에는 그에 따른다.

2) 하나의 건축물이 방화지구와 그 밖의 구역에 걸치는 경우

하나의 건축물이 방화지구와 그 밖의 구역에 걸치는 경우에는 그 전부에 대하여 방화지구안의 건축물에 관한 이 법의 규정을 적용한다. 다만, 건축물의 방화지구에 속한 부분과 그 밖의 구역에 속한 부분의 경계가 방화벽으로 구획되는 경우 그 밖의 구역에 있는 부분에 대하여는 그러하지 아니하다.

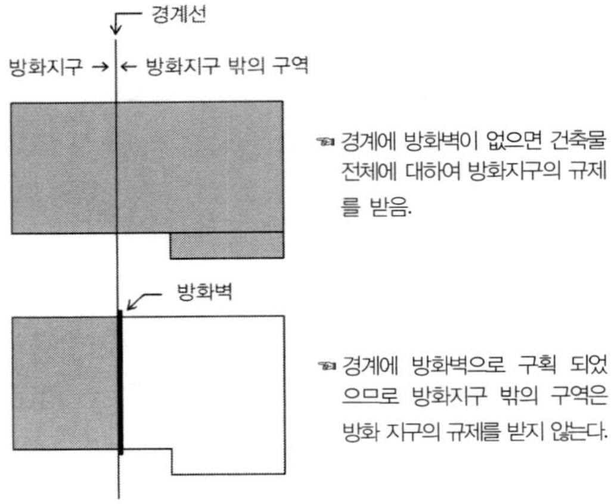

그림 2-1 방화지구와 그 밖의 구역에 걸치는 경우

3) 대지가 녹지지역과 그 밖의 지역 · 지구 또는 구역에 걸치는 경우

대지가 녹지지역과 그 밖의 지역·지구 또는 구역에 걸치는 경우에는 대지의 과반이 속한 여부에 관계없이 녹지지역 안의 건축물 및 대지에 관한 규정을 적용하는 것을 원칙으로 한다. 다만, 녹지지역 안의 건축물이 미관지구나 방화지구에 걸치는 경우에는 1)나 2)에 따른다.

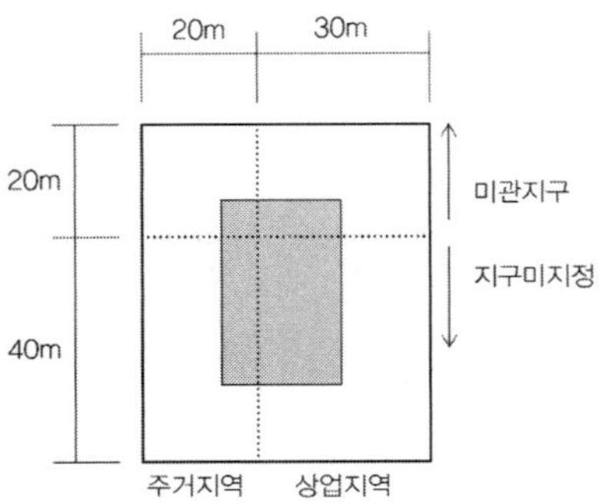

문) 건축물의 대지가 다음 그림과 같이 지역, 지구에 걸쳐 있을 때 이 대지의 대하여 적용하게 되는 지역, 지구는 어느 것인가?

㉮ 대지의 각 부위에 따라 정해진 지역, 지구
㉯ 상업지역, 지구미지정
㉰ 주거지역, 미관지구
㉱ 상업지역, 미관지구

해답 ㉱

03 건축법의 적용

1. 적용제외

건축법은 전국에 있는 모든 건축물에 적용되는 것이 원칙이지만 건축법의 적용대상에서 전부 제외되거나 구역에 따라 건축법의 일부조항을 적용하지 않는 경우가 있다.

1) 「건축법」의 전부를 적용하는 지역

「건축법의」 전부를 적용하는 지역은 아래와 같다.

(1) 도시지역

(2) 제2종 지구단위계획구역

(3) 동 또는 읍에 속하는 지역(섬의 경우에는 인구가 500인 이상인 경우)

✓ 건축물이라도 「건축법」을 적용하지 않거나 일부 기준을 적용하지 않는 경우도 있다.

2) 「건축법」 전체가 적용되지 않는 것

「건축법」 전체가 적용되지 않는 것은 아래와 같다.

(1) 「문화재보호법」에 따른 지정문화재나 가지정문화재

(2) 철도나 궤도의 선로부지 안에 있는 다음의 시설
① 운전보안시설
② 철도 선로의 위나 아래를 가로지르는 보행시설
③ 플랫홈
④ 해당 철도 또는 궤도사업용 급수· 급탕 및 급유시설

(3) 고속도로 통행료 징수시설

(4) 공장부지안에 설치하는 것으로서 이동이 쉬운 컨테이너를 이용한 간이창고

3) 「건축법」의 일부 조항을 적용하지 않는 경우

도시지역 및 지구단위계획구역외의 지역으로서 동이나 읍(동이나 읍에 속하는 섬의 경우에는 인구가 500명 이상인 경우만 해당된다)이 아닌 지역은 다음의 규정을 적용하지 아니한다.

(1) 대지와 도로의 관계 (법 제44조)

(2) 도로의 지정 · 폐지 또는 변경 (법 제45조)

(3) 건축선의 지정 (법 제46조)

문) 건축법상 건축물의 적용대상에 해당되지 않는 것은?

㉮ 지정문화재 건축물
㉯ 지하에 있는 창고 및 사무소
㉰ 건축물에 부수되는 대문 및 담장
㉱ 고가의 공작물에 설치하는 점포

해답 ㉮

(4) 건축선에 따른 건축제한 (법 제47조)

(5) 방화지구 안의 건축물 (법 제51조)

(6) 대지의 분할제한 (법 제57조)

4) 매수하지 아니하기로 결정한 도로예정지안의 건축기준 완화

「국토의 계획 및 이용에 관한 법률」의 규정에 의한 건축물 또는 공작물을 도시·군계획시설로 결정된 도로의 예정지 안에 건축하는 건축물일 경우 다음의 규정은 적용하지 아니한다.

(1) 도로의 지정 · 폐지 또는 변경 (법 제45조)

(2) 건축선의 지정 (법 제46조)

(3) 건축선에 따른 건축제한 (법 제47조)

2. 적용의 완화

건축법은 건축물을 건축하기 위한 허가에서부터 사용승인까지의 행정절차와 건축물에 대한 기술수준을 다루고 있는 법령이다.

건축기술과 건축자재, 건축물의 용도와 사용행태 등은 나날이 빠르게 변하지만, 이를 규제하는 법령을 바꾸기 위해서는 번거로운 절차와 상당한 기간이 소요되는 등 쉽지가 않다. 따라서 필요할 때마다 법령을 매번 고친다는 것은 어려운 일이다.

그래서 건축설계, 시공, 감리를 행함에 있어 현행 건축기준을 지키는 것이 불합리할 때 이를 완화해 달라고 신청할 수 있는 제도가 '적용의 완화' 이다.

건축주, 설계자, 공사시공자 또는 공사감리자는 그 업무를 수행할 때 이 법의 규정을 적용하는 것이 매우 불합리하다고 인정되는 대지 또는 건축물로서 대통령령이 정하는 것에 대하여는 이 법의 기준을 완화하여 적용하는 것을 특별시장 · 광역시장 또는 시장 · 군수 · 구청장(이하 '허가권자'라 한다)에게 요청할 수 있다.

1) 법적용의 완화대상

「건축법」을 완화하여 적용할 수 있는 건축물과 법규내용은 다음과 같다.

(1) 수면위에 건축하는 건축물 등 대지의 범위를 설정하기 곤란한 건축물에 대한 우측란의 건축법의 적용	법 제40조 - 대지의 안전 등 제41조 - 토지굴착 부분에 대한 조치 등 제42조 - 대지의 조경 제43조 - 공개 공지 등의 확보 제44조 - 대지와 도로의 관계 제45조 - 도로의 지정 · 폐지 또는 변경 제47조 - 건축선에 따른 건축제한 제55조 - 건축물의 건폐율 제56조 - 건축물의 용적률 제57조 - 대지의 분할 제한 제60조 - 건축물의 높이 제한 제61조 - 일조 등의 확보를 위한 건축물의 높이 제한
(2) 거실이 없는 통신시설 및 기계 · 설비시설에 대한 우측란의 건축법의 적용	법 제44조 - 대지와 도로와의 관계 제45조 - 도로의 지정 · 폐지 또는 변경 제46조 - 건축선의 지정
(3) 31층 이상인 공동주택이 아닌 건축물의 경우와 발전소 · 제철소 · 제조시설 · 운동시설 등 특수	법 제43조 - 공개 공지 등의 확보 제49조 - 건축물의 피난시설 및 용도제한 등

용도의 건축물에 대한 우측란의 건축법의 적용	제50조 - 건축물의 내화구조와 방화벽 제51조 - 방화지구 안의 건축물 제52조 - 건축물의 마감재료 제62조 - 건축설비기준 등 제64조 - 승강기 제67조 - 관계전문기술자 제68조 - 기술적 기준
(4) 전통사찰, 전통한옥 등 전통문화의 보존을 위하여 시 · 도의 건축조례로 정하는 지역의 건축물인 경우	법 제2조제1항제11호 - 도로 제44조 - 대지와 도로와의 관계 제46조 - 건축선의 지정 제60조제3항 - 건축물의 높이 제한
(5) 경사진 대지에 계단식으로 건축하는 공동주택으로서 지면에서 직접 각 세대가 있는 층으로의 출입이 가능하고, 위층 세대가 아래층 세대의 지붕을 정원 등으로 활용하는 것이 가능한 형태의 건축물과 초고층 건축물인 경우	법 제55조 - 건축물의 건폐율
(6) 사용승인을 받은 후 15년 이상이 되어 리모델링하는 경우 우측란의 건축법의 적용	법 제42조 - 대지의 조경 제43조 - 공개 공지 등의 확보 제46조 - 건축선의 지정 제55조 - 건축물의 건폐율 제56조 - 건축물의 용적률 제58조 - 대지 안의 공지 제60조 - 건축물의 높이 제한 제61조제2항 - 일조 등의 확보를 위한 건축물의 높이 제한
(7) 기존 건축물에 장애인 · 노인 · 임산부 등의 편의시설을 제공함으로 법 제55조 또는 법 제56조에 따른 기준에 부적합하게 되는 경우	법 제55조 - 건축물의 건폐율 제56조 - 건축물의 용적률
(8) 「국토의 계획 및 이용에 관한 법률」에 따른 도시지역 및 지구	법 제2조제1항제11호 - 도로 제44조 - 대지와 도로와의 관계

단위계획구역 외의 지역 중 동이나 읍에 해당하는 지역에 건축하는 건축물로서 건축조례로 정하는 건축물인 경우	
(9) 「국토의 계획 및 이용에 관한 법률」에 따라 지정된 방재지구와 「급경사지 재해예방에 관한 법률」에 따라 지정된 붕괴위험지역의 대지에 건축하는 건축물로서 재해예방을 위한 조치가 필요한 경우	법 제55조 - 건축물의 건폐율 제56조 - 건축물의 용적율 제60조 - 건축물의 높이 제한 제61조 - 일조 등의 확보를 위한 건축물의 높이 제한
(10) 조화롭고 창의적인 건축을 통하여 아름다운 도시경관을 창출하고자 법 제11조에 따른 특별시장·광역시장·특별자치시장·특별자치도지사 또는 시장·군수·구청장이 인정하는 건축물과 「주택법시행령」 제3조 제1항에 다른 도시형 생활주택(아파트는 제외)인 경우	법 제60조 - 건축물의 높이 제한 제61조 - 일조 등의 확보를 위한 건축물의 높이 제한
(11) 「보금자리주택건설 등에 관한 특별법」 제2조제1호에 따른 보금자리주택인 경우	법 제61조 - 일조 등의 확보를 위한 건축물의 높이 제한
(12) 「주택법」 제16조에 따라 사업계획 승인을 받아 건축하는 공동주택과 상업지역 또는 준주거지역에서 법 제11조에 따른 건축허가를 받아 건축하는 200세대 이상 300세대 미만인 공동주택, 법 제11조에 따라 건축허가를 받아 건축하는 「주택법 시행령」 제3조에 따른 도시형 생활주택에 「주택건설기준 등에 관한 규정」 제2조제3호	법 제56조 - 건축물의 용적률

에 따른 주민공동시설(주택소유자가 공유하는 시설로서 영리를 목적으로 하지 아니하고 주택의 부속용도로 사용하는 시설만 해당)을 설치하는 경우	
(13) 법 제77조의4제1항에 따라 건축협정을 체결하여 건축물의 건축 · 대수선 또는 리모델링을 하려는 경우	법 제55조 - 건축물의 건폐율 제56조 - 건축물의 용적률

2) 법적용의 완화기준

법적용의 완화여부 및 적용범위를 결정할 때에 지켜야할 기준은 다음과 같다.

법 적용	완화 여부 및 적용 범위를 결정할 때에 지켜야 할 기준
(1) 영 제6조제1항제1호부터 제5호까지, 제7호 · 제7호의2 및 제9호의 경우	- 공공의 이익을 저해하지 아니하고, 주변의 대지 및 건축물에 지나친 불이익을 주지 아니할 것 - 도시의 미관이나 환경을 지나치게 해치지 아니할 것
(2) 영 제6조제1항제6호(리모델링)의 경우	- 위 (1)의 기준에 적합할 것 - 증축은 기능향상 등을 고려하여 국토교통부령으로 정하는 규모와 범위에서 할 것 - 「주택법」에 따른 사업계획승인 대상인 공동주택의 리모델링은 복리시설을 분양하기 위한 것이 아닐 것
(3) 영 제6조제1항제8호(방재지구, 붕괴위험지역)의 경우 법 제55조 - 건축물의 건폐율 제56조 - 건축물의 용폐률 제60조 - 건축물의 높이 제한 제61조 - 일조 등의 확보를 위한 건축물의 높이 제한에 따른 기준	- 위 (1)의 기준에 적합할 것 - 해당 지역에 적용되는 기준을 100분의 140이하의 범위에서 건축조례로 정하는 비율을 적용할 것
(4) 영 제6조제1항제10호(「공공주택건설 등에 관한 특별법」제2조제1호에 따른 공공주택)의 경우	- 위 (1)의 기준에 적합할 것 - 완화되는 범위는 : 외벽의 중심선에서 발코니 끝부분까지의 길이 중 1.5m를 초과하는 발코니 부분에 한정될 것 : 최대 1m로 제한 : 완화되는 부분에 창호를 설치해서는 아니 된다.
(5) 영 제6조제1항제11호 (사업승인 적용받는 공동주택) (사업승인 또는 준주거지역 200 이상 300세대 미만 공동주택) (도시형 생활주택)	- 위 (1)의 기준에 적합할 것 - 법 제56조에 따른 용적률의 기준은 해당 지역에 적용되는 용적률에 주민공동시설에 해당하는 용적률을 가산한 범위에서 건축조례로 정하는 용적률을 적용할 것
(6) 영 제6조제1항제12호 법 제55조 - 건축물의 건폐율 제56조 - 건축물의 용적률에 따른 기준	- 위 (1)의 기준에 적합할 것 - 법 제77조의4제1항에 따라 건축협정이 체결된 지역 또는 구역 (이하 '건축협정구역'이라 한다) 안에서 인접한 둘 이상의 대지에서 건축허가를 동시에 신청하는 경우 둘 이상의 대지를 하나의 대지로 보아 적용할 것

3. 기존의 건축물 등에 대한 특례

건축법의 적용의 완화규정과는 다른 경우로, 법령의 제정 및 개정이나 도시계획의 결정 변경 또는 행정구역의 변경 등의 본인의사와는 관계없이 타의에 의한 사유로 인하여 대지나 건축물의 건축법의 규정에 맞지 아니하게 된 경우, 이들의 기득권을 보호하기 위하여 시행령이 정하는 범위안에서 지방자치단체의 조례로 정하는 바에 따라 일부기준을 완화하여 건축을 허가할 수 있도록 하였다.

1) 특례사유

다음의 사유로 인하여 대지나 건축물이 건축법에 맞지 아니하게 된 경우 조례로 정하는 바에 따라 건축을 허가할 수 있다.

(1) 법령의 제정 · 개정

(2) 도시 · 군관리계획의 결정 · 변경 또는 행정구역의 변경

(3) 도시 · 군관리계획의 설치, 도시개발사업의 시행 또는 「도로법」에 따른 도로의 설치

(4) 종전의 「특정건축물정리에 관한 특별조치법」에 따라 준공검사필증 또는 사용승인서를 교부받은 시설이 건축물대장에 기재된 경우

(5) 「도시 및 주거환경정비법」에 의한 주거환경개선사업의 준공인가증을 교부받은 경우

(6) 「공유토지분할에 관한 특례법」에 의하여 분할된 경우

(7) 대지의 일부 토지소유권에 대하여 민법 제245조(20년 이상 소유를 목적으로 아무 제재 없이 점유한 부동산에 대한 소유권 취득)에 따라 소유권 이전등기가 완료된 경우

(8) 「지적재조사에 관한 특별법」에 따른 지적재조사사업으로 새로운 지적공부가 작성된 경우

2) 특례범위

적용의 특례는 건축주의 신청에 의해 처리되며, 건축위원회의 심의 없이 허가권자가 다음의 요건에 적합하다고 판단하면 건축허가, 신고를 처리할 수 있다.

(1) 기존 건축물을 재축하는 경우

(2) 증축하거나 개축하려는 부분이 법령등에 적합한 경우

(3) 기존 건축물의 대지가 도시 · 군계획시설의 설치 또는 「도로법」에 따른 도로의 설치로 대지면적의 최소한도 기준에 미달되는 경우로서 그 기존 건축물을 연면적 합계의 범위에서 증축하거나 개축하는 경우

(4) 기존 건축물이 도시 · 군계획시설 또는 「도로법」에 따른 도로의 설치로 건폐율 또는 용적률 기준에 부적합하게 된 경우로서 화장실 · 계단 · 승강기의 설치 등 그 건축물의 기능을 유지하기 위하여 그 기존 건축물의 연면적 합계의 범위에서 증축하는 경우

(5) 대지안의 공지규정의 개정에 따라 최초로 개정한 해당 지방자치단체의 조례 시행일 이전에 건축된 기존 건축물의 건축선 및 인접대지경계선으로부터의 거리가 그 조례로 정하는 거리에 미달되는 경우로서 그 기존 건축물을 건축 당시의 법령에 위반하지 아니하는 범위에서 증축하는 경우

(6) 기존 한옥을 개축하는 경우

4. 통일성 유지를 위한 도의 조례

1) 도의 조례 규정

도 단위로 통일성을 유지할 필요가 있을 때에는 다음 법조문의 규정에 의하여 시 · 군의 조례로 정하여야 할 사항을 도의 조례로 정할 수 있다.

(1) 제5조제3항 적용의 완화

(2) 제6조 기존의 건축물 등에 관한 특례

(3) 제17조제2항 건축허가등의 수수료

(4) 제20조제2항제3호 가설건축물

(5) 제27조제3항 현장조사 · 검사 및 확인사무의 대행

(6) 제42조 대지의 조경

(7) 57조제1항 대지의 분할 제한

(8) 제58조 대지 안의 공지

(9) 제60조제3항 건축물의 높이 제한

(10) 제61조 일조 등의 확보를 위한 건축물의 높이 제한

5. 리모델링에 대비한 특례

1) 리모델링이 용이한 구조

리모델링이 용이한 구조의 공동주택 건축을 촉진하기 위하여 다음의 구조로 하여 건축허가를 신청하는 경우에는 용적률, 높이제한 및 일조기준의 100분의 120의 범위 안에서 완화하여 적용할 수 있다.

(1) 각 세대는 인접한 세대와 수직 및 수평 방향으로 통합하거나 분할할 수 있을 것

(2) 구조체에서 건축설비, 내부 마감재료와 외부 마감재로는 분리할 수 있을 것

(3) 개별 세대안에서 구획된 실의 크기, 개수 또는 위치 등을 변경할 수 있을 것

2) 리모델링하는 건축물의 증축의 규모

(1) 연면적의 증가

① 공동주택이 아닌 건축물로서 「건축법 시행령」에 따른 원룸형 주택으로의 용도변경을 위하여 증축되는 건축물 및 공동주택 : 건축위원회의 심의에서 정한 범위 이내일 것

② 그 외의 건축물 : 기존 건축물 연면적 합계의 10분의 1의 범위에서 건축위원회의 심의에서 정한 범위 이내일 것. 다만, 허가권자(허가권자가 구청장인 경우에는 특별시장이나 광역시장을 말한다)가 리모델링 활성화가 필요하다고 인정하여 지정 · 공고한 지역은 기존 건축물의 연면적 합계의 10분의 3의 범위에서 건축위원회 심의에서 정한 범위 이내일 것

(2) 건축물의 층수 및 높이의 증가: 건축위원회 심의에서 정한 범위 이내일 것

(3) 「주택법」에 따른 사업계획승인 대상인 공동주택 세대수의 증가: (1)에 따라 증측 가능한 연면적의 범위에서 기존 세대수의 100분의 15를 상한으로 건축위원회 심의에서 정한 범위 이내일 것

3) 리모델링하는 건축물의 증축할 수 있는 범위

(1) 공동주택

① 승강기 · 계단 및 복도

② 각 세대내의 노대 · 화장실 · 창고 및 거실

③ 「주택법」에 의한 부대시설

④ 「주택법」에 의한 복리시설

⑤ 기존 공동주택의 높이 · 층수 또는 층별 세대수

(2) 공동주택 외의 건축물

① 승강기 · 계단 및 주차시설

② 노인 및 장애인 등을 위한 편의시설

③ 외부벽체

④ 통신시설 · 기계설비 · 화장실 · 정화조 및 오수처리시설

⑤ 기존 건축물의 높이 및 층수

⑥ 법 제2조 제1항 제6조에 따른 거실

PATR Ⅱ

04 건축허가에서부터 사용승인까지

1. 건축관련 입지와 규모의 사전결정

1) 사전결정 신청

사전결정 신청은 신청인의 뜻에 달려있다. 바로 건축허가를 신청하든지 사전결정을 받고나서 건축허가를 신청하든지 건축주가 알아서 판단하여야 한다.

(1) 건축허가 대상 건축물을 건축하려는 자는 건축허가를 신청하기 전에 허가권자에게 그 건축물을 해당 대지에 건축하는 것이 이 법이나 다른 법령에서 허용되는지에 대한 사전결정을 신청할 수 있다.

(2) 사전결정을 신청하는 자는 건축위원회 심의와 「도시교통정비 촉진법」에 따른 교통영향평가의 검토를 동시에 신청할 수 있다.

2) 사전결정에 따른 타법의 의제

사전결정 통지를 받은 경우에는 다음 사항에 대하여 허가를 받거나 신고 또는 협의를 한 것으로 본다.

(1) 「국토의 계획 및 이용에 관한 법률」에 의한 개발행위허가

(2) 「산지관리법」에 의한 산지전용허가와 산지전용신고. 다만, 보전산지인 경우에는 도시지역만 해당된다.

(3) 「농지법」에 의한 농지전용허가 · 신고 및 협의

(4) 「하천법」에 의한 하천점용허가

3) 사전결정 통지

허가권자는 2)의 어느 하나에 해당되는 내용이 포함된 사전결정을 하려면 미리 관계 행정기관의 장과 협의하여야 하며, 협의를 요청받은 관계 행정기관의 장은 요청받은 날부터 15일 이내에 의견을 제출하여야 한다.

4) 사전결정의 효력상실

사전결정 신청자는 사전결정을 통지받은 날부터 2년 이내에 건축허가를 신청하여야 하며, 이 기간에 건축허가를 신청하지 아니하면 사전결정의 효력이 상실된다.

2. 건축위원회의 건축심의

건축심의는 제출된 설계도서를 대상으로 건축전문가들이 모여, 심도있는 검토를 한다.

건축위원회는 국토교통부에 중앙건축위원회가 있으며, 광역자치단체와 지방자치단체에 각각 지방건축위원회가 구성되어 있다.

1) 중앙건축위원회

다음의 사항을 조사 · 심의 · 조정 또는 재정하기 위하여(이하 '심의 등'이라 한다) 국토교통부에 위원장 및 부위원장을 포함한 70인 이내의 위원으로 구성하는 중앙건축위원회를 둔다.

(1) 심의사항

중앙건축위원회는 다음의 사항을 심의한다.

① 법 및 이 영의 제정 · 개정 및 시행에 관한 중요 사항

② 건축물의 건축 · 대수선 · 용도변경, 건축설비의 설치 또는 공작물의 축조와 관련된 분쟁의 조정 또는 재정에 관한 사항

③ 표준설계도서의 인정에 관한 사항

④ 다른 법령에서 중앙건축위원회 심의를 받도록 한 경우에 해당 법령에서 규정한 심의사항

⑤ 그 밖에 국토교통부장관이 중앙건축위원회의 심의가 필요하다고 인정하여 회의에 부치는 사항

(2) 심의 등의 결과 통보

국토교통부장관은 심의 등을 의결한 날부터 7일 이내에 신청한 자에게 결과를 서면으로 알려야 한다.

2) 전문위원회

중앙건축위원회의 심의를 효율적으로 수행하기 위하여 필요한 경우에는 중앙건축위원회 위원 중 5인 이상 15인 이하의 위원으로 다음과 같은 분야별로 전문위원회를 구성 · 운영할 수 있다.

(1) 구성 분야

전문위원회는 다음과 같은 분야별로 구성된다.

① 건축계획 분야
② 건축구조 분야
③ 건축설비 분야
④ 건축방재 분야
⑤ 에너지관리 등 건축환경 분야
⑥ 건축물 경관(景觀) 분야(공간환경 분야를 포함한다)
⑦ 조경 분야
⑧ 도시계획 및 단지계획 분야
⑨ 교통 및 정보기술 분야
⑩ 사회 및 경제 분야
⑪ 그 밖의 분야

3) 지방건축위원회

특별시 · 광역시 · 특별자치시 · 도 · 특별자치도 및 시 · 군 · 구(자치구)에 위원장 및 부위원장 각 1명을 포함하여 25명 이상 100명 이하의 위원으로 지방건축위원회를 구성할 수 있다.

(1) 심의사항

지방건축위원회는 다음의 사항을 심의한다.

① 건축선 지정에 관한 사항

② 건축조례(해당 지방자치단체의 장이 발의하는 조례만 해당한다)의 제정 · 개정 및 시행에 관한 중요 사항

③ 다중이용 건축물 및 특수구조 건축물의 구조안전에 관한 사항

④ 미관지구 안의 건축물로서 해당 지방자치단체의 건축물에 관한 조례로 정하는 용도 및 규모에 해당하는 건축물의 건축 및 대수선에 관한 사항

⑤ 분양을 목적으로 하는 건축물로서 건축조례로 정하는 용도 및 규모에 해당하는 건축물의 건축에 관한 사항

⑥ 다른 법령에서 지방건축위원회의 심의를 받도록 한 경우 해당 법령에서 규정한 심의사항

⑦ 건축조례로 정하는 건축물의 건축 등에 관한 것으로서 특별시장 · 광역시장 · 특별자치시장 · 도지사 또는 특별자치도지사 및 시장 · 군수 · 구청장이 지방건축위원회의 심의가 필요하다고 인정한 사항

(2) 심의 등의 결과 통보

심의 또는 재심의를 완료한 날부터 14일 이내에 그 심의 또는 재심의 결과를 신청한 자에게 통보하여야 한다.

3. 건축물의 설계

1) 건축사의 설계 대상

건축허가를 받아야 하거나 건축신고를 하여야 하는 건축물 또는 사용승인을 받은 후 20년 이상이 지난 건축물로서 리모델링 건축물의 건축 등을 위한 설계는 건축사가 아니면 할 수 없다. 단, 다음 어느 하나에 해당하는 경우에는 그러하지 아니하다.

(1) 바닥면적의 합계가 85제곱미터 미만인 증축 · 개축 또는 재축의 경우

(2) 연면적이 200제곱미터 미만이고 층수가 3층 미만인 건축물의 대수선

(3) 읍 · 면지역에서 건축하는 창고(연면적 200제곱미터 이하), 농막(「농지법」에 따른 농막), 축사 및 작물재배사(연면적 400제곱미터 이하) 단, 시장 또는 군수가 지역계획 또는 도시 · 군계획에 지장이 있다고 인정하여 지정 · 공고한 지역은 제외한다.

(4) 가설건축물로서 건축조례로 정하는 건축물

2) 설계도서의 작성

설계자는 건축물이 건축법과 이 법에 따른 명령이나 처분, 그 밖의 관계 법령에 적합하고 안전 · 기능 및 미관에 지장이 없도록 설계하여야 하며, 국토교통부장관이 정하여 고시하는 설계

도서 작성기준에 따라 설계도서를 작성하여야 한다. 이에 설계도서를 작성한 설계자는 설계가 건축법과 이 법에 따른 명령이나 처분, 그 밖의 관계 법령에 맞게 작성되었는지를 확인한 후 설계도서에 서명날인하여야 한다.

4. 건축허가

1) 건축허가 신청

✓ 건축허가나 건축신고(대수선, 용도변경 신고) 없이는 어떤 건축물도 건축이 불가능하다.

(1) 시장 · 군수 · 구청장의 건축허가

건축물을 건축하거나 대수선하려는 자는 특별자치시장 · 특별자치도지사 또는 시장 · 군수 · 구청장의 허가를 받아야 한다.

(2) 특별시장 또는 광역시장의 허가를 받아야 하는 대상

✓ 건축허가는 원칙적으로 건축주가 신청하는 것으로 되어 있지만 현실적으로는 건축사의 도움이 필수적이다.

21층 이상이거나 연면적의 합계가 10만 제곱미터 이상인 건축물의 건축(연면적의 10분의 3 이상을 증축하여 층수가 21층 이상으로 되거나 연면적의 합계가 10만 제곱미터 이상으로 되는 경우를 포함한다)하고자 하는 자는 특별시장 또는 광역시장의 허가를 받아야 한다. 다만, 다음 어느 하나에 해당되는 건축물의 건축은 제외한다.

① 공장

② 창고

③ 지방건축위원회의 심의를 거친 건축물(초고층 건물을 제외한다)

(3) 도지사 승인후 시장 · 군수의 확인

시장 · 군수는 다음 어느 하나에 해당되는 건축물의 건축을 허가하려면 미리 건축계획서와 기본설계도서를 첨부하여 도지사의 승인을 받아야 한다.

① 광역시장과 특별시장의 허가를 받아야 하는 건축물

② 자연환경이나 수질 보호를 위하여 지정 · 공고한 구역에 건축하는 3층 이상 또는 연면적의 합계가 1천 제곱미터 이상인 건축물로서 다음에 해당되는 건축물

㉠ 공동주택

㉡ 제2종 근린생활시설(일반음식점만 해당된다)

㉢ 업무시설(일반업무시설만 해당된다)

㉣ 숙박시설

㉤ 위락시설

③ 주거환경 또는 교육환경 등 주변환경을 보호하기 위하여 필요하다고 인정하여 도지사가 지정 · 공고한 구역안에 건축하는 위락시설 및 숙박시설에 해당하는 건축물

2) 건축허가 신청 시 제출 서류

건축물의 건축허가를 받으려는 자는 국토교통부령으로 정하는 바에 따라 건축허가 신청서에 관계 서류를 첨부하여 허가권자에게 제출하여야 한다.

표 4-1 건축허가 신청에 필요한 설계도서

도서의 종류	도서의 축척	표시하여야 할 사항
건축계획서	임의	개요(위치 · 대지면적 등) 지역 · 지구 및 도시계획 사항 건축물의 규모(건축면적 · 연면적 · 높이 · 층수 등) 건축물의 용도별 면적 주차장 규모 에너지절약계획서(해당 건축물에 한한다) 노인 및 장애인 등을 위한 편의시설 설치계획서(관계법령에 의하여 설치 의무가 있는 경우에 한한다)
배치도	임의	축척 및 방위 대지에 접한 도로의 길이 및 너비

		대지의 종 · 횡단면도 건축선 및 대지경계선으로부터 건축물까지의 거리 주차동선 및 옥외주차계획 공개공지 및 조경계획
평면도	임의	1층 및 기준층 평면도 기둥 · 벽 · 창문 등의 위치 방화구획 및 방화문의 위치 복도 및 계단의 위치 승강기의 위치
입면도	임의	2면 이상의 입면계획 외부마감재료 간판 및 건물번호판의 설계계획(크기 · 위치)
단면도	임의	종 · 횡 단면도 건축물의 높이, 각층의 높이 및 반자높이
구조도 (구조안전 확인 또는 내진설계 대상 건축물)	임의	구조내력상 주요한 부분의 평면 및 단면 주요부분의 상세도면 구조안전확인서
구조계산서 (구조안전 확인 또는 내진설계 대상 건축물)	임의	구조내력상 주요한 부분의 응력 및 단면 산정 과정 내진설계의 내용(지진에 대한 안전여부 확인 대상 건축물)
시방서	임의	시방내용(국토교통부장관이 작성한 표준시방서에 없는 공법인 경우에 한한다) 흙막이공법 및 도면
실내마감도	임의	벽 및 반자의 마감의 종류
소방설비도	임의	「소방시설 설치유지 및 안전관리에 관한 법률」에 따라 소방관서의 장의 동의를 얻어야 하는 건축물의 해당 소방 관련 설비
건축설비도	임의	냉 · 난방설비, 위생설비, 환경설비, 전기설비, 통신설비, 승강설비 등 건축설비
토지 굴착 및 옹벽도	임의	지하매설구조물 현황 흙막이 구조(지하 2층 이상의 지하층을 설치하는 경우에 한한다) 단면상세 옹벽구조

3) 건축허가 제한 및 건축허가로서 관계 법률의 허가 등을 대신하는 경우

✓ 허가란 법령에 의하여 일반적으로 금지되어 있는 행위를 특정한 사람에게 해제하는 행정처분이다.

(1) 건축법이나 다른 법률에도 불구하고 건축허가를 제한하는 경우

① 위락시설이나 숙박시설에 해당하는 건축물의 건축을 허가하는 경우 해당 대지에 건축하려는 건축물의 용도 · 규모 또는 형태가 주거환경이나 교육환경 등 주변환경을 고려할 때 부적합하다고 인정되는 경우

② 「국토의 계획 및 이용에 관한 법률」에 따른 방재지구 및 「자연재해대책법」에 따른 자연재해위험지구 등 상습적으로 침수되거나 침수가 우려되는 지역에 건축하려는 건축물에 대하여 지하층 등 일부 공간을 주거용으로 사용하거나 거실을 설치하는 것이 부적합하다고 인정되는 경우

(2) 건축허가로서 관계 법률의 허가 등을 대신하는 경우
건축허가를 받음으로써 다음과 같은 관계법령의 내용을 허가받은 것으로 본다.

문) 시장 · 군수가 건축물의 건축을 허가하고자 할 때 도지사의 승인을 얻어야하는 건축물에 해당되는 것은?

㉮ 국토교통부장관이 국가 안보상 필요하다고 인정하여 지정하는 건축물
㉯ 21층 이상 또는 연면적 90,000㎡이상의 공동주택
㉰ 21층 이상 또는 연면적 100,000㎡이상의 업무용 건축물
㉱ 문화재보호구역 경계로부터 100m 이내에 건축하는 건축물

해답 ㉰

표 4-2 건축허가로서 허가를 대신하는 관계 법률

<table>
<tr><th>관련법</th><th>허가 · 신고내용</th><th>관련법</th><th>허가 · 신고내용</th></tr>
<tr><td rowspan="2">건축법</td><td>공사용 가설건축물의 축조신고</td><td rowspan="2">전기사업법</td><td rowspan="2">자가용 전기설비공사 계획의 인가 또는 신고</td></tr>
<tr><td>공작물의 축조신고</td></tr>
<tr><td rowspan="3">국토의 계획 및 이용에 관한 법률</td><td>개발행위허가</td><td rowspan="2">수질 및 수생태계 보전에 관한 법률</td><td rowspan="2">수질오염물질 배출시설설치의 허가나 신고</td></tr>
<tr><td>도시계획시설 사업시행자의 지정</td></tr>
<tr><td>도시계획시설 사업의 실시계획 인가</td><td rowspan="2">대기환경 보전법</td><td rowspan="2">대기오염물질 배출시설설치의 허가나 신고</td></tr>
<tr><td>산지관리법</td><td>산지전용허가 및 산지전용신고</td></tr>
<tr><td>사도법</td><td>사도개설허가</td><td rowspan="2">소음 · 진동 규제법</td><td rowspan="2">소음 · 진동 배출시설설치의 허가나 신고</td></tr>
<tr><td>농지법</td><td>농지전용허가 · 신고 및 협의</td></tr>
<tr><td rowspan="2">도로법</td><td>도로의 점용허가</td><td rowspan="2">가축분뇨의 관리 및 이용에 관한 법률</td><td rowspan="2">제11조에 따른 배출시설 설치 허가나 신고</td></tr>
<tr><td>비관리청 공사시행허가 및 도로의 연결허가</td></tr>
<tr><td>하천법</td><td>하천점용 등의 허가</td><td>자연공원법</td><td>제23조에 따른 행위허가</td></tr>
<tr><td rowspan="2">하수도법</td><td>배수설비의 설치신고</td><td rowspan="2">도시공원 및 녹지 등에 관한 법률</td><td rowspan="2">제24조에 따른 도시공원의 점용허가</td></tr>
<tr><td>개인하수처리시설의 설치신고</td></tr>
<tr><td>수도법</td><td>수도사업자가 지방자치단체인 경우 당해 지방자치단체가 정한 조례에 의한 상수도 공급신청</td><td>토양환경 보전법</td><td>제12조에 따른 특정토양오염 관리대상시설의 신고</td></tr>
</table>

4) 건축허가 취소

허가권자는 허가를 받은 자가 다음 어느 하나에 해당되면 허가를 취소하여야 한다. 다만, 정당한 사유가 있다고 인정되면 1년의 범위에서 공사의 착수기간을 연장할 수 있다.

(1) 허가를 받은 날부터 1년 이내에 공사에 착수하지 아니한 경우

(2) 허가를 받은 날부터 1년 이내에 공사에 착수하였으나 공사의 완료가 불가능하다고 인정되는 경우

5. 건축신고

건축 신고대상은 다음과 같으며, 신고대상이 아닌 것은 모두 건축허가 대상이다.

1) 건축신고 대상

(1) 바닥면적의 합계가 85제곱미터 이내의 증축 · 개축 또는 재축. 다만, 3층 이상 건축물인 경우에는 증축 · 개축 또는 재축하려는 부분의 바닥면적의 합계가 건축물의 연면적의 10분의 1이내인 경우로 한정한다.

(2) 관리지역 · 농림지역 또는 자연환경보전지역에서 연면적이 200제곱미터 미만이고 3층 미만인 건축물의 건축. 다만, 방재지구 또는 지구단위계획구역에서의 건축은 제외한다.

(3) 연면적이 200제곱미터 미만이고 3층 미만인 건축물의 대수선

(4) 주요구조부의 해체가 없는 다음에서 정하는 대수선

① 내력벽의 면적을 30제곱미터 이상 수선하는 것

② 기둥을 세 개 이상 수선하는 것

③ 보를 세 개 이상 수선하는 것

④ 지붕틀을 세 개 이상 수선하는 것

⑤ 방화벽 또는 방화구획을 위한 바닥 또는 벽을 수선하는 것

⑥ 주계단 · 피난계단 또는 특별피난계단을 수선하는 것

(5) 그 밖에 소규모 건축물로서 다음으로 정하는 건축물의 건축

① 연면적의 합계가 100제곱미터 이하인 건축물

② 건축물의 높이가 3미터 이하의 범위에서 증축하는 건축물

③ 표준설계도서에 따라 건축하는 건축물로서 그 용도 및 규모가 주위환경이나 미관에 지장이 없다고 인정하여 조례로 정하는 건축물

④ 공업지역, 지구단위계획구역(산업 · 유통형만 해당됨) 및 산업단지에서 건축하는 2층 이하인 건축물로서 연면적 합계 500제곱미터 이하인 공장

⑤ 농업이나 수산업을 영위하기 위하여 읍 · 면지역에서 건축하는(특별자치시장 · 특별자치도지사 · 시장 · 군수가 지역계획 또는 도시 · 군계획에 지장이 있다고 지정 · 공고한 구역은 제외한다) 연면적 200제곱미터 이하의 창고 및 연면적 400제곱미터 이하의 축사 · 작물재배사

문) 다음 내용 중 건축신고 함으로써 건축허가를 받은 것으로 볼 수 없는 것은?

㉮ 바닥면적의 합계가 80㎡의 증축

㉯ 농 · 수산업을 영위하기 위하여 필요한 연면적 150㎡인 창고

㉰ 대수선

㉱ 제2종 지구단위계획구역 안에 건축하는 건축물로서 연면적이 600㎡인 공장

해답 ㉱

2) 효력상실

건축신고를 한 자가 신고일부터 1년 이내에 공사에 착수하지 아니하면 그 신고의 효력은 상실된다.

6. 허가와 신고사항의 변경

건축허가를 받았거나 신고한 사항을 변경하려면 다음의 경우에 따라 이를 변경하기 전에 허가를 받거나 신고하여야 한다. 다만, 신축·증축·개축·재축·이전·대수선 또는 용도변경에 해당하지 아니하는 경미한 사항의 변경에 대하여는 그러하지 아니하다.

1) 허가 · 신고사항의 변경

(1) 재 허가대상

바닥면적의 합계가 85제곱미터를 초과하는 증축 · 개축에 해당하는 사항의 변경에 대해서는 허가권자의 허가를 받아야 한다.

(2) 재 신고 대상

① 바닥면적의 합계가 85제곱미터를 초과하는 부분에 대한 증축·개축에 해당하는 변경이 아닌 경우

② 변경 후 연면적이 각각 신고로서 허가에 갈음할 수 있는 규모 안에서의 변경

③ 건축주·공사시공자 또는 공사감리자를 변경하는 경우

2) 사용승인 신청 시 일괄신고 사항

다음 변경에 대하여는 사용승인신청서에 일괄하여 신청할 수 있다.

(1) 변경되는 부분의 바닥면적 합계가 50제곱미터 이하인 경우 (건축물의 동수나 층수를 변경하지 아니하는 경우)

(2) 변경되는 부분이 연면적의 합계의 1/10 이하인 경우
① 연면적 5천 제곱미터 이상인 건축물은 각 층의 바닥면적이 50제곱미터 이하의 범위안에서 변경되는 경우
② 건축물의 동수나 층수를 변경하지 아니하는 경우

(3) 대수선에 해당하는 경우

(4) 변경되는 부분의 높이가 1미터 이하이거나, 전체 높이의 1/10이하인 경우

(5) 변경되는 부분의 위치가 1미터 이내에서 변경되는 경우

7. 건축허가 제한

1) 건축허가 또는 착공의 제한

(1) 국토교통부장관은 다음에 해당하는 경우 허가권자의 건축허가나 허가를 받은 건축물의 착공을 제한할 수 있다.
① 국토관리상 특히 필요하다고 인정하는 경우
② 주무부장관이 국방 · 문화재보전 · 환경보존 또는 국민

경제상 특히 필요하다고 인정하여 요청하는 경우

(2) 특별시장·광역시장·도지사는 지역계획 또는 도시·군계획에 특히 필요하다고 인정하는 경우에 시장 등의 건축허가나 허가를 받은 건축물의 착공을 제한할 수 있다.

2) 제한기간

건축허가의 제한기간은 2년 이내로 한다. 1회에 한하여 1년 이내의 범위에서 제한기간을 연장할 수 있다.

8. 용도변경

✓ 건축물에는 각각의 용도가 정해져 있고 그 용도를 변경하기 위해서는 허가 또는 신고를 받아야 한다.

1) 용도변경 시설군

다음과 같은 건축물의 용도변경은 시장 · 군수 · 구청장의 허가 또는 신고대상이 된다.

표 4-3 허가 또는 신고대상인 용도변경 시설군

분류	시 설 군
자동차 관련 시설군	자동차 관련 시설
산업 등의 시설군	운수시설, 창고시설, 공장, 위험물저장 및 처리시설, 자원순환관련 시설, 묘지관련 시설, 장례식장
전기통신 시설군	방송통신시설, 발전시설
문화 및 집회 시설군	문화 및 집회시설, 종교시설, 위락시설, 관광휴게시설
영업 시설군	판매시설, 운동시설, 숙박시설, 제2종근린생활시설 중 다중생활시설
교육 및 복지 시설군	의료시설, 교육연구시설, 노유자시설, 수련시설

근린생활 시설군	제1종 근린생활시설, 제2종 근린생활시설(다중생활시설 제외)
주거업무 시설군	단독, 공동주택, 업무시설, 교정 및 군사시설
그 밖의 시설군	동물 및 식물관련 시설

2) 허가 또는 신고

사용승인을 얻은 건축물의 용도를 변경하고자 하는 자는 다음 구분에 따라 특별시장 · 광역시장 · 도지사 또는 시장 · 군수 · 구청장의 허가를 받거나 신고를 하여야 한다.

(1) 허가대상

앞의 1)의 표 4-3에서 어느 하나에 해당하는 시설군에 속하는 건축물의 용도를 상위군(건축기준이 강한 시설군)에 해당하는 용도로 변경하는 경우

(2) 신고대상

앞의 1)의 표 4-3에서 어느 하나에 해당하는 시설군에 속하는 건축물의 용도를 하위군(건축기준이 약한 시설군)에 해당하는 용도로 변경하는 경우

(3) 동일한 시설군내에서 용도를 변경하는 행위

특별자치도지사 또는 시장 · 군수 · 구청장에게 건축물대장 기재사항의 변경을 신청하여야 한다.

문) 용도변경시 허가를 받아야 하는 건축물의 용도변경이 아닌 것은?

㉮ 운동시설 → 종교시설
㉯ 문화 및 집회시설 → 판매시설
㉰ 위험물 저장 및 처리시설 → 자동차 관련시설
㉱ 업무시설 → 교육연구시설

해답 ㉯

9. 가설건축물

1) 허가대상 가설건축물

✓ 한시적으로 건축하는 건축물을 가설건축물이라 한다. 허가대상과 신고대상으로 구분한다.

도시 · 군계획사업의 실시에 지장이 없는 범위에서 일정기간 동안 도시 · 군계획시설 또는 도시 · 군계획시설예정지에 설치하는 가설건축물은 특별자치시장 · 특별자치도지사 또는 시장 · 군수 · 구청장의 허가를 받아야 한다. 허가권자는 다음에 해당되는 경우가 아니면 허가를 하여야 한다.

(1) 「국토의 계획 및 이용에 관한 법률」 제64조에 위배되는 경우

(2) 4층 이상인 경우

(3) 구조, 존치기간, 설치목적 및 다른 시설 설치 필요성 등에 관하여 다음의 설치기준의 범위에서 조례로 정하는 바에 따르지 아니한 경우

① 철근콘크리트조 또는 철골철근콘크리트조가 아닐 것

② 존치기간은 3년 이내일 것

③ 전기 · 수도 · 가스 등 새로운 간선 공급설비의 설치를 필요로 하지 아니할 것

④ 공동주택 · 판매시설 · 운수시설 등으로의 분양을 목적으로 건축하는 건축물이 아닐 것

(4) 그 밖에 이 법 또는 다른 법령에 따른 제한규정을 위반하는 경우

2) 신고대상 가설건축물

재해복구 · 흥행 · 전람회 · 공사용 가설건축물 등 다음의 기준에 적합한 건축물을 축조하고자 하는 자는 특별자치시장 · 특별자치도지사 또는 시장 · 군수 · 구청장에게 신고한 후 착공하여야 한다.

(1) 재해가 발생한 구역 또는 그 인접구역으로서 특별자치시 · 특별자치도지사 또는 시장 · 군수 · 구청장이 지정하는 구역에서 일시사용을 위하여 건축하는 것

(2) 도시미관이나 교통소통에 지장이 없다고 인정하는 가설흥행장, 가설전람회장, 농 · 수 · 축산물 직거래용 가설점포, 그 밖에 이와 비슷한 것

(3) 공사에 필요한 규모의 공사용 가설건축물 및 공작물

(4) 전시를 위한 견본주택이나 그 밖에 이와 비슷한 것

(5) 특별자치시장 · 특별자치도지사 또는 시장 · 군수 · 구청장이 도로변 등의 미관정비를 위하여 필요하다고 인정하는 가설점포

(6) 조립식 구조로 된 경비용 가설건축물(연면적 10제곱미터 이하인 것)

(7) 조립식 경량구조로 된 외벽이 없는 임시 자동차 차고

(8) 컨테이너 또는 이와 비슷한 것으로 된 가설건축물로서 임

시사무실 · 임시창고 또는 임시숙소로 사용되는 것

(9) 도시지역 중 주거지역 · 상업지역 또는 공업지역에 설치하는 농업 · 어업용 비닐하우스로서 연면적이 100제곱미터 이상인 것

(10) 연면적이 100제곱미터 이상인 간이축사용, 가축분뇨처리용, 가축운동용, 가축의 비가림용 비닐하우스 또는 천막구조의 건축물

(11) 농업 · 어업용 고정식 온실 및 간이작업장, 가축양육실

(12) 물품저장용, 간이포장용, 간이수선작업용 등으로 쓰기 위하여 공장 또는 창고시설에 설치하거나 인접대지에 설치하는 천막, 그 밖에 이와 비슷한 것

(13) 유원지, 종합휴양업 사업지역 등에서 한시적으로 관광 · 문화행사 등을 목적으로 천막 또는 경량구조로 설치하는 것

(14) 관광특구에 설치하는 야외전시시설 및 촬영시설

(15) 건축조례로 정하는 건축물

문) 건축물의 존치기간을 정하여 시장 또는 군수에게 신고하여 건축할 수 있는 임시적인 가설 건축물에 속하지 않는 것은?

㉮ 연면적이 50㎡인 간이 축사용 비닐하우스
㉯ 조립식 경량구조로 된 외벽이 없는 임시 자동차 차고
㉰ 전시를 위한 견본주택
㉱ 공사용 가설건축물

해답 ㉮

10. 착공신고

착공신고는 주택정책과 건설산업 정책을 수립하는데 없어서는 안될 중요한 통계자료가 된다.

건축공사를 착수하는 자는 공사착공 전에 허가권자에게 그 공사계획을 신고해야 한다.

1) 착공신고

허가를 받거나 신고를 한 건축물의 공사를 착수하려는 건축주는 허가권자에게 공사 계획을 신고하여야 한다. 단, 건축물의 철거를 신고할 때 착공 예정일을 기재한 경우에는 그러하지 아니하다.

공사감리 의무대상 건축물의 경우 공사감리자 및 공사시공자가 신고서에 함께 서명하여야 한다.

2) 착공신고에 필요한 서류 및 설계도서

착공신고서에는 다음의 서류 및 도서를 첨부한다.

(1) 건축관계자 상호간의 계약서 사본(해당사항이 있는 경우)

(2) 시방서, 실내마감도, 건축설비도, 토지굴착 및 옹벽도(공장인 경우)

(3) 토지굴착 및 옹벽도 중 흙막이 구조도면(지하 2층 이상의 지하층을 설치하는 경우)

문) 착공신고를 할 때에 흙막이 구조도면 제출대상의 기준으로 맞는 것은?

㉮ 지하 3층 이상의 지하층을 설치하는 경우
㉯ 지하 2층 이상의 지하층을 설치하는 경우
㉰ 지표면으로부터 3m 이상의 지하를 굴착하는 경우
㉱ 지표면으로부터 5m 이상의 지하를 굴착하는 경우

해답 ㉯

11. 건축시공

1) 공사시공자

공사시공자는 계약에 따라 성실하게 공사를 수행하여야 하며, 이 법과 이 법에 따른 명령이나 처분, 그 밖의 관계 법령에 맞게 건축물을 건축하여 건축주에게 인도하여야 한다.

공사시공자는 건축물(건축허가나 용도변경 허가 대상인 것만 해당된다)의 공사현장에 설계도서를 갖추어 두어야 한다.

2) 공사시공자의 설계변경 요청

공사시공자는 설계도서가 건축법 및 관계법령의 규정에 맞지 아니하거나 공사의 여건상 불합리하다고 인정되면 건축주 및

공사감리자의 동의를 받아 서면으로 설계자에게 설계를 변경하도록 요청할 수 있다. 이 경우 설계자는 정당한 사유가 없으면 요청에 따라야 한다.

3) 상세시공도면 작성

공사시공자는 당해 공사를 함에 있어 필요하다고 인정하거나 연면적의 합계가 5천 제곱미터 이상인 공사의 공사감리자로 부터 상세시공도면을 작성하도록 요청을 받으면 상세시공도면을 작성하여 공사감리자의 확인을 받아야 하며, 이에 따라 공사를 하여야 한다.

문) 건축시공자가 작성한 상세시공도면은 누구의 확인을 받아야 하는가?

㉮ 건축주
㉯ 공사감리자
㉰ 설계자
㉱ 건축허가권자

해답 ㉯

4) 건축허가 표지판 설치

공사시공자는 건축물의 규모 · 용도 · 설계자 · 시공자 및 감리자 등을 표시한 건축허가 표지판을 주민이 보기 쉽도록 해당 건축공사 현장의 주요 출입구에 설치하여야 한다.

12. 공사감리

1) 공사감리 대상 건축물

건축주는 다음에 정하는 용도 · 규모 및 구조의 건축물을 건축하는 경우에는 건축사나 대통령령으로 정하는 자를 공사감리자로 지정하여 공사감리를 하게 하여야 한다.

(1) 건축사를 공사감리자를 지정하여야 하는 건축물

① 건축허가를 받아야 하는 건축물 (건축신고 대상 건축물은 제외한다)을 건축하는 경우

② 건축물을 리모델링하는 경우

(2) 다중이용 건축물의 공사감리

① 다중이용 건축물의 공사감리는 「건설기술관리법」에 따른 건축감리전문회사 또는 종합감리전문회사를 공사감리자로 지정할 수 있다.

② 건축사(「건설기술관리법 시행령」에 따라 감리원을 배치하는 경우만 해당된다)

2) 공사감리자의 시정 또는 공사중지 요청

공사감리자는 공사감리를 할 때 이 법에 따른 명령이나 처분, 그 밖의 관계 법령에 위반된 사항을 발견하거나 공사시공자가 설계도서대로 공사를 하지 아니하면 이를 건축주에게 알린 후 공사시공자에게 시정하거나 재시공하도록 요청하여야 한다.

공사시공자가 시정이나 재시공 요청에 따르지 아니하면 서면으로 그 건축공사를 중지하도록 요청할 수 있다. 이 경우 공사중지를 요청받은 공사시공자는 정당한 사유가 없으면 즉시 공사를 중지하여야 한다.

3) 위법사항의 보고

공사감리자는 공사시공자가 시정이나 재시공 요청을 받은 후에 이에 따르지 아니하거나 공사중지 요청을 받고도 공사를 계속하면 이를 허가권자에게 보고하여야 한다.

4) 상세시공도면 작성 요청

문) 공사감리자가 공사시공자에게 상세시공도면의 작성을 요청할 수 있는 대상건축물의 연면적 합계는 몇 m² 이상인가?

㉮ 2,000m² 이상
㉯ 3,000m² 이상
㉰ 4,000m² 이상
㉱ 5,000m² 이상

해답 ㉱

연면적의 합계가 5천 제곱미터 이상인 건축공사의 경우에는 공사감리자는 필요하다고 인정하면 공사시공자에게 상세시공도면을 작성하도록 요청할 수 있다.

5) 감리보고서 등

(1) 공사감리자가 이행할 사항

① 감리일지를 기록 · 유지하여야 한다.

② 공사의 공정(工程)이 다음 어느 하나에 다다른 때에는

감리 중간보고서를 건축주에게 제출하여야 한다.

㉠ 해당 건축물의 구조가 철근콘크리트조·철골조·철골철근콘크리트조 · 조적조 또는 보강콘크리트블럭조인 경우에는 다음 어느 하나에 해당하게 된 경우

- 기초공사 시 기초의 철근배치를 완료한 경우
- 지붕공사 시 지붕슬래브배근을 완료한 경우
- 5층 이상 건축물인 경우 지상 5개 층마다 상부 슬래브배근을 완료한 경우, 철골조구조의 건축물의 경우에는 지상 3개 층마다 또는 높이 20미터마다 주요 구조부의 조립을 완료한 경우

㉡ 그 밖에 기초공사에서 거푸집 또는 주춧돌의 설치를 완료한 경우

③ 공사를 완료한 경우에는 감리완료보고서를 건축주에게 제출하여야 한다.

(2) 건축주가 이행할 사항

건축물의 사용승인을 신청할 때 감리자로부터 제출받은 중간감리보고서와 감리완료보고서를 첨부하여 허가권자에게 제출하여야 한다.

(3) 공사감리자에 대한 불이익금지

건축주나 공사시공자는 위반사항에 대한 시정이나 재시공을 요청하거나 위반사항을 허가권자에게 보고한 공사감리자에게 이를 이유로 공사감리자의 지정을 취소하거나 보수의 지급을 거부 또는 지연시키는 등의 불이익을 주어서는 아니된다.

문) 공사현장에서 공사기간 동안 건축사보가 상주하면서 감리 업무를 수행해야 하는 상주공사 감리 대상 건축공사가 아닌 것은?

㉮ 각층 바닥면적이 1,000㎡인 5층 관람집회시설
㉯ 아파트 신축공사
㉰ 각층 바닥면적이 500㎡이고, 10층인 판매시설
㉱ 각 층 바닥면적이 2,000㎡이고 2층인 의료시설

해답 ㉱

6) 공사감리 방법 및 범위

(1) 일반공사감리

수시 또는 필요할 때 공사현장에서 감리업무를 수행하여야 한다.

(2) 상주공사감리

아래와 같은 대규모 건축물과 아파트의 공사감리에 있어서는 건축사보(2년 이상 설계 · 시공 · 감리업무 등에 경력이 있는 자)를 해당 공사기간 동안 공사현장에서 감리업무를 수행하게 하여야 한다.

표 4-4 감리대상 건축물과 감리기간

감리대상 건축물	감리인원	감리기간
- 바닥면적의 합계가 5천㎡ 이상인 건축공사 다만, 축사 또는 작물재배사는 제외 - 연속된 5개 층(지하층 포함) 이상으로서 바닥면적의 합계가 3천㎡ 이상인 건축공사 - 아파트 건축공사	건축분야의 2년 이상 경력이 있는 건축사보 한명 이상	전체 공사기간 동안(상주감리)
	토목 · 전기 또는 기계분야의 건축사보 한명 이상	각 분야별 해당 공사기간 동안

(3) 공사감리자 감리 업무내용

① 공사시공자가 설계도서에 따라 적합하게 시공하는지 여부의 확인

② 공사시공자가 사용하는 건축자재가 관계법령에 의한 기준에 적합한 건축자재인지 여부의 확인

③ 건축물 및 대지가 관계법령에 적합하도록 공사시공자 및 건축주를 지도

④ 시공계획 및 공사관리의 적정여부의 확인

⑤ 공사현장에서의 안전관리의 지도

⑥ 공정표의 검토

⑦ 상세시공도면의 검토 · 확인

⑧ 구조물의 위치와 규격의 적정여부의 검토 · 확인

⑨ 품질시험의 실시여부 및 시험성과의 검토 · 확인

⑩ 설계변경의 적정여부의 검토 · 확인

⑪ 기타 공사감리계약으로 정하는 사항

13. 사용승인

1) 사용승인의 신청

건축주는 허가를 받았거나 신고를 한 건축물의 건축공사를 완료(하나의 대지에 둘 이상의 건축물을 건축하는 경우 동(棟)별 공사를 완료한 경우를 포함한다)한 후 그 건축물을 사용하려면 공사감리자가 작성한 공사감리완료보고서(공사감리자를 지정한 경우만 해당된다)를 첨부하여 허가권자에게 사용승인을 신청하여야 한다.

2) 사용승인서 교부

시장 · 군수 · 구청장(허가권자)는 사용승인 신청을 받은 경우에는 7일 이내 사용승인 위한 검사를 하며, 검사에 합격된 건축물에 대하여 사용승인서 교부하여야 한다. 다만, 조례로 정하는 건축물은 사용검사를 위한 검사를 생략할 수 있다.

3) 사용승인 부수효과

건축주가 사용승인을 받은 경우에는 다음 관계법에 의한 준공검사를 받거나 등록신청을 한 것으로 본다.

(1) 「하수도법」 제24조에 따른 배수설비 준공검사와 제37조에 따른 개인 하수처리시설의 준공검사

(2) 「공간정보의 구축 및 관리등에 관한 법률」 제3조에 따른 지적공부(地籍公簿)의 변동사항 등록신청

(3) 「승강기제조 및 관리에 관한 법률」 제13조에 따른 승강기 완성검사

(4) 「에너지이용 합리화법」 제39조에 따른 보일러 설치검사

(5) 「전기사업법」 제63조에 따른 전기설비의 사용전 검사

(6) 「정보통신공사업법」 제36조에 따른 정보통신공사의 사용전 검사

(7) 「도로법」 제38조제3항에 따른 도로점용공사의 완료 확인

(8) 「국토의 계획 및 이용에 관한 법률」 제62조에 따른 개발행위의 준공검사

(9) 「국토의 계획 및 이용에 관한 법률」 제98조에 따른 도시계획시설사업의 준공검사

문) 건축물의 사용승인을 받는 경우 부수적인 효과가 아닌 것은?

㉮ 하수처리시설의 준공검사
㉯ 구내 정보통신공사의 준공공사
㉰ 지적공부 변동사항 등록신청
㉱ 보일러 설치 검사

해답 ㉯

(10) 「수질 및 수생태계 보전에 관한 법률」 제37조에 따른 수질오염물질 배출시설의 가동개시의 신고

(11) 「대기환경보전법」 제30조에 따른 대기오염물질 배출시설의 가동개시의 신고

(12) 「소음 · 진동규제법」 제13조에 따른 소음 · 진동 배출시설의 가동개시의 신고

4) 동별 사용승인

하나의 대지에 2동 이상의 건축물을 허가받아 건축한 경우에 일부동이 먼저 완공되었을 때는 동별 사용승인이 가능하다.

5) 임시사용 승인

건축주는 임시사용승인서를 교부받기전에 공사완료된 부분에 대한 임시사용의 승인을 얻고자 하는 경우에는 임시사용 승인신청서를 허가권자에게 제출(전자문서 포함)하여야 한다.

임시사용승인의 기간은 2년 이내로 한다. 다만, 대형 건축물 또는 암반공사 등으로 인하여 공사기간이 장기간인 건축물에 대하여는 그 기간을 연장할 수 있다.

문) 현장조사 검사 및 확인업무에 대하여는 누가 대행할 수 있는가?

㉮ 건축사
㉯ 건축사보
㉰ 현장소장
㉱ 감리자

해답 ㉮

14. 현장조사 검사 및 확인업무의 대행

1) 현장조사 · 검사 및 확인업무 대행

허가권자는 건축물의 허가·사용승인 및 임시사용승인과 관련된 현장조사·검사 및 확인업무를 건축사로 하여금 대행하게 할 수 있다. 이 경우 건축물의 사용승인 및 임시사용승인과 관련되는 현장조사·검사 및 확인업무는 해당 건축물의 설계자 또는 공사감리자가 아닌 건축사로 하여금 대행하게 하여야 하며, 건축주의 추천을 받지 아니하고 직접 선정하여야 한다.

2) 확인결과 보고

현장조사·검사 또는 확인업무를 대행하는 자는 확인결과를 허가권자에게 서면으로 보고하여야 한다.

3) 확인업무의 수수료

허가권자는 현장조사·검사 및 확인업무를 대행하는 자에게 엔지니어링사업 대가기준에 따라 산정한 대가 이상의 범위에서 건축조례로 정하는 수수료를 지급하여야 한다.

《읽을 거리》

굴착 · 옹벽공사에 감리원 상주…건축법 시행령 입법 예고

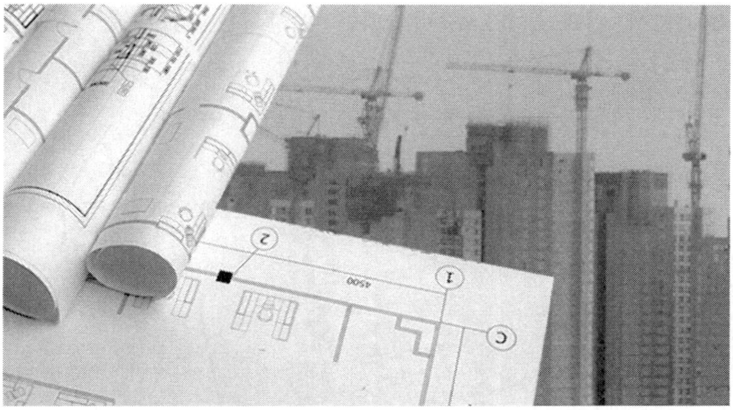

[사진 출처 : 연합뉴스·게티이미지]

정부가 굴착 공사 때 사고나 옹벽의 붕괴를 막기 위해 공사 감리를 강화하는 내용의 법령을 입법 예고했습니다. 또 건물 하부 공간을 보행자 통로 등으로 만들어 개방하는 건물에 대해선 건폐율을 높여주기로 했습니다.

국토교통부는 이런 내용이 포함된 건축법 시행령과 건축물대장의 기재 및 관리 등에 관한 규칙 개정안을 입법 예고한다고 오늘(9일) 밝혔습니다.

개정안은 굴착·옹벽 부실 공사를 막기 위해 깊이 10m 이상 토지 굴착공사와 높이 5m 이상 옹벽 설치공사는 비상주(수시) 감리 대상인 경우라 해도 공사 기간 관련 분야 감리원이 상주하며 점검하도록 했습니다.

이번에 규제를 강화한 것은 굴착공사 과정에서 발생하는 안전사고나 옹벽 붕괴 사고가 잇따른 데 따른 조치입니다.

지난해 8월 서울 상도동에서는 굴착공사 가설 흙막이가 무너져 내려 인근 유치원 건물이 기우는 사고가 났고, 같은 달 경기도 화성시에서 10m 옹벽이 무너져 사상자가 발생하기도 했습니다.

한편, 창의적인 건축을 유도하기 위해 건물의 저층부를 개방해 보행 통로나 공지 등으로 활용하는 경우 지방건축위원회 심의를 거쳐 건폐율 산정 등에 특례를 주는 규정도 마련했습니다.

공개공지의 공공성을 확보하고 일반인이 쓰는 데 불편함이 없도록 일정 공간을 점유한 영업행위, 울타리나 담장 등의 시설물 설치, 물건을 쌓아 놓는 등의 제한행위를 구체적으로 망라했습니다.

건축심의는 좀 더 투명하게 운영하기로 했습니다.

지방건축위원회 심의 과정에서 일부 심의위원이 주관적 심의로 설계 의도를 훼손하지 못하도록 건축조례로 광범위하게 위임된 심의대상을 축소했습니다.

또 심의 기준을 사전에 공고하고, 심의가 필요하다고 인정해 지정·공고한 지역에서 조례로 정하는 건축물로 대상을 제한했습니다.

- 출처 : KBS NEWS, 2019년 12월 09일 -

05 건축물의 유지와 관리

1. 건축물의 유지와 관리

건축물의 소유자나 관리자는 정기점검이나 수시점검을 실시하여 건축물, 대지 및 건축설비를 규정에 의한 명령이나 처분이 관계법령이 정하는 기준에 적합하도록 유지 · 관리하여야 한다.

1) 정기점검 대상

다음에 해당하는 건축물의 소유자나 관리자는 사용승인일을 기준으로 10년이 지난날부터 2년마다 정기점검을 실시하여야 한다.

(1) 다중이용 건축물
「집합건물의 소유 및 관리에 관한 법률」의 적용을 받는 집합건축물로서 연면적의 합계가 3천 제곱미터 이상인 건축물. 다만, 「주택법」에 따른 관리주체 등이 관리하는 공동주택은 제외한다.

(2) 「다중이용업소의 안전관리에 관한 특별법」에 따른 다중이용업 용도로 쓰는 건축물로서 해당 지방자치단체의 건축조례로 정하는 건축물

2) 정기점검 및 수시점검 사항

(1) 대지

법 제40조(대지의 안전 등), 제42조(대지의 조경), 제43조(공개공지 등의 확보), 제44조(대지와 도로의 관계) 및 제47조(건축선에 따른 건축제한)에 적합한지 여부

(2) 높이 및 형태

법 제55조(건축물의 건폐율), 제56조(건축물의 용적률), 제58조(대지안의 공지), 제60조(건축물의 높이 제한) 및 제61조(일조 등의 확보를 위한 건축물의 높이 제한)에 적합한지 여부

(3) 구조안전

법 제48조(구조내력 등)에 적합한지 여부

(4) 화재안전

법 제49조(건축물의 피난시설 및 용도제한 등), 제50조(건축물의 내화구조와 방화벽), 제51조(방화지구 안의 건축물), 제52조(건축물의 마감재료) 및 제53조(지하층)까지의 규정에 적합한지 여부

(5) 건축설비

법 제62조(건축설비기준 등), 제63조(온돌 및 난방설비 등의 시공) 및 제64조(승강기)까지의 규정에 적합한지 여부

(6) 에너지 및 친환경 관리 등

법 제64조의2, 제65조의2와 「녹색건축물 조성지원법」 제15조제1항, 제16조 및 제17조에 적합한지 여부

3) 주택의 유지 · 관리 지원

단독주택 및 공동주택(「주택법」 제43조제1항에 해당하는 공동주택은 제외)의 소유자나 관리자가 건축물의 유지 · 관리를 효율적으로 할 수 있도록 특별자치시장 · 특별자치도지사 및 시장 · 군수 · 구청장이 지원할 수 있는 사항은 다음과 같다.

(1) 건축물의 점검 및 개량 · 보수에 대한 기술지원 및 정보제공 등

(2) 주택관리지원센터의 설치 · 운영

4) 주택관리지원센터

주택관리지원센터는 소속 공무원과 건축사 등 건축관련 전문가로 인원을 구성하고 건축물의 점검 및 개량 · 보수에 대한 기술지원 및 정보제공 등을 목적으로 한다.

주택관리지원센터의 수행업무(해당 지방자치단체의 홈페이지에 게시하여야 한다.)는 다음과 같다.

(1) 건축물의 에너지효율 및 성능 개선 방법

(2) 누전(漏電) 및 누수(漏水) 점검 방법

(3) 간단한 보수 및 수리 지원

(4) 건축물의 유지 · 관리에 대한 법률 상담

(5) 건축물의 개량 · 보수에 관한 교육 및 홍보

(6) 그 밖에 건축물의 점검 및 개량 · 보수에 관하여 건축조례로 정하는 사항

2. 건축물의 철거 신고

건축물의 소유자나 관리자는 건축물을 자의로 철거하려면 철거 예정일 7일전 까지 시장 · 군수 · 구청장에게 신고하여야 한다. 또한 건축물이 재해로 멸실된 경우 멸실 후 30일 이내에 신고하여야 한다.

3. 건축지도원

제한된 공무원만으로 모든 건축행정을 다 처리할 수 없다. 그래서 공무원을 돕는 사람들이 필요한데, 그 중 하나가 건축지도원이다.

문) 건축지도원의 업무가 아닌 것은?

㉮ 건축신고를 하고 건축 중에 있는 건축물의 시공지도 및 공사 관리의 지도

㉯ 건축설비등이 법령에 적합하게 유지 · 관리되는지의 확인, 지도 및 단속

㉰ 허가를 받지 아니하고 용도변경을 한 건축물의 단속

㉱ 신고를 하지 아니하고 건축하는 건축물의 단속

해답 ㉮

1) 건축지도원 지정

특별자치시장·특별자치도지사 또는 시장·군수·구청장은 건축법 또는 건축법의 규정에 의한 명령이나 처분에 위반되는 건축물의 발생을 예방하고 건축물을 적법하게 유지 ·관리하도록 지도하기 위하여 건축 직렬의 공무원과 건축 학식이 풍부한 자로서 건축조례가 정하는 자격을 갖춘 자 중에서 건축지도원을 지정하여 단속업무에 활용하도록 규정하고 있다.

2) 건축지도원 업무

건축지도원은 아래와 같은 업무를 수행하는 때에는 권한을 나타내는 증표를 지니고 관계인에게 내보여야 한다.

(1) 건축신고를 하고 건축 중에 있는 건축물의 시공지도와 위법시공 여부의 확인 · 지도 및 단속

(2) 건축물의 대지, 높이 및 형태, 구조 안전 및 화재 안전, 건축설비 등이 적합하게 유지 · 관리되고 있는지의 확인 · 지도 및 단속

(3) 허가를 받지 아니하거나 신고를 하지 아니하고 건축하거나 용도변경한 건축물의 단속

4. 건축물대장

사람이 태어나면 가족관계 등록부에 올리듯이, 건축물도 마찬가지로 그 일생을 어디선가 기록하고 관리해야 한다. 건축물대장이 그 역할을 담당한다.

1) 건축물대장 기재 및 보관

특별자치시장 · 특별자치도지사 또는 시장 · 군수 · 구청장은 건축물의 소유 · 이용 및 유지 · 관리 상태를 확인하거나 건축정책의 기초 자료로 활용하기 위하여 다음의 어느 하나에 해당하는 경우에 건축물대장에 건축물과 그 대지의 현황, 구조내력에 관한 정보를 적어서 보관하여야 한다.

문) 건축물대장에 건축물 및 그 대지에 관한 현황을 기재하는 대상이 아닌 것은?

㉮ 사용승인서를 교부한 경우
㉯ 건축허가 대상 건축물 외의 건축물의 공사를 완료한 후 그 건축물에 대하여 기재의 요청이 있는 경우
㉰ 가옥대장의 신규등록 및 변경등록이 신청이 있는 경우
㉱ 감리 중간 보고서를 제출한 경우

해답 ㉱

(1) 건축법에 의한 사용승인서를 교부한 경우

(2) 건축허가 대상 건축물(신고대상 건축물을 포함한다) 외의 건축물의 공사를 끝낸 후 기재를 요청한 경우

(3) 건축법에 따른 건축물의 유지 · 관리에 관한 사항

(4) 그 밖에 다음에 어느 하나에 해당하는 경우
① 「집합건물의 소유 및 관리에 관한 법률」에 따른 건축물대장의 신규 등록 및 변경 등록의 신청이 있는 경우
② 법 시행일 전에 법령 등에 적합하게 건축되고 유지 · 관리된 건축물의 소유자가 그 건축물의 건축물관리대장이나 그 밖에 이와 비슷한 공부(公簿)를 건축물대장에 옮겨적을 것을 신청한 경우
③ 그 밖에 기재내용의 변경 등이 필요한 경우로서 다음과 같은 경우
㉠ 건축물의 증축 · 개축 · 재축 · 개축 · 이전 · 대수선 및 용도변경에 의하여 건축물의 표시에 관한 사항이 변경된 경우
㉡ 건축물의 소유권에 관한 사항이 변경된 경우

5. 등기촉탁

1) 등기촉탁자

특별자치시장 · 특별자치도지사 또는 시장 · 군수 · 구청장은 다음 어느 하나에 해당하는 사유로 건축물대장의 기재 내용이 변경되는 경우(신규 등록은 제외한다) 관할 등기소에 그 등기를 촉탁할 수 있다. 이 경우 (1)와 (4)의 등기촉탁은 지방자치단체

가 자기를 위하여 하는 등기로 본다.

(1) 지번이나 행정구역의 명칭이 변경된 경우

(2) 사용승인을 받은 건축물로서 사용승인 내용 중 건축물 면적 · 구조 · 용도 및 층수가 변경된 경우(신규 등록은 제외)

(3) 건축물의 철거신고에 따라 철거한 경우

(4) 건축물의 멸실 후 멸실신고를 한 경우

《읽을 거리》

계룡시, 시민 생활 부담주는 불합리 법규 개선 규제개혁위원회 개최… 안건 논의

계룡시가 시민들의 생활에 부담을 주는 불합리한 법규를 개선키로 했다. 이에 따라 시는 최근 시청 상황실에서 규제개혁위원회를 개최하고 '계룡시 경관조례 제정에 따른 신설 규제 심사' 건과 '가설건축물 건축주(소유자) 명의변경' 건 등 총 2건의 안건에 대해 논의했다.

특히 위원회에서는 지역의 특색에 맞는 도시경관을 조성하기 위한 '계룡시 경관조례 제정에 따른 신설 규제'는 시민들의 생활에 부담을 주는 조항인 만큼 미관지구 지정 근거 및 건축물 제한 면적 등에 대한 다양한 개선방안 등을 주문했다.

아울러 '가설건축물 건축주(소유자) 명의변경 건의' 건은 같은 건물에 동일한 조건이며, 토지 소유주의 동의가 있다면 건축주의 명의 변경 절차를 마련, 명의변경이 가능하도록 상급기관에 건의키로 했다.

시 관계자는 "주민생활에 불편을 주거나 지역경제 활성화를 저해하는 불합리한 규제를 발굴해 이를 개선하는데 최선을 다하겠다"고 밝혔다.

- 출처 : 충청투데이, 2015년 8월 10일 -

《읽을 거리》

서울시, 건축허가 절차 확 줄인다

서울시는 건축허가 등의 행정 절차를 100일가량 단축할 수 있는 '패스트트랙'(안건 신속처리제)도 추진하기로 했다. 연간 7000억원 이상의 비용 절감 효과를 시는 기대한다.

서울시 관계자는 8일 "다수 부서가 연관된 복합민원인 경우 부서간 협의와 쟁점 조정이 어려워 업무 처리가 지연되는 병폐가 발생해 왔다"며 "패스트트랙 추진단을 구성해 시민이 실제 체감하는 민원처리 속도를 높일 계획"이라고 밝혔다.

이를 위해 서울시는 행정1부시장 직속의 패스트트랙 추진단(신속행정 추진단)을 구성하기로 했다. 도시계획, 건축기획, 행정기획 쪽에서 10년 이상 일한 팀장급 12명이 참여한다.

건축허가 절차가 주요 개혁 대상이다. 현행 건축허가 절차는 기본계획 수립-지구단위계획 수립-특별계획구역 세부개발계획 수립 · 건축계획 · 건축허가 신청 등의 과정을 거치기 위해 민원인이 일일이 3개 이상의 부서를 방문하며, 중복된 '행정심사'를 받아야 한다. 와중에 부서별로 상충하는 보완사항을 요구하기도 한다.

패스트트랙이 가동될 경우, 교통영향평가·환경영향평가·재난영향평가 등이 한 추진단 내에서 통합 심의된다. 450일 걸리던 현행 건축허가 절차가 350일로, 석달 이상(22%) 단축된다는 게 시의 계산이다. 시는 "지난해 이뤄진 103건의 건축심의에 적용하면 7080억원 이상의 비용 절감 효과가 있다"고 말했다. 1건당 68억원이 넘는 공기단축, 행정비용 절약 효과 등이 발생하는 셈이다.

<이하 생략>

- 출처 : 한겨레신문, 2015년 7월 8일 -

PATR Ⅲ

06 건축물의 면적, 높이 및 층수의 산정

1. 건축물의 면적산정

1) 대지면적 산정

(1) 원칙

대지면적은 대지의 수평투영면적으로 한다. 즉, 대지의 표면이 그림과 같이 경사져 있는 경우 그 표면에 따른 면적이 아니라 수평면에 투영한 면적으로 한다.

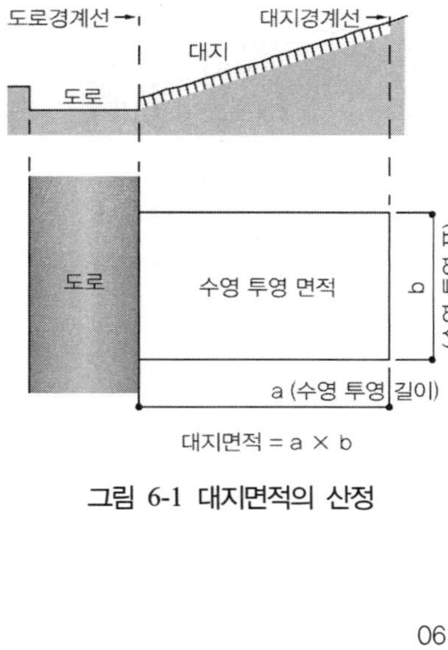

그림 6-1 대지면적의 산정

✓ 투영(投影) : 물체가 비치는 그림자

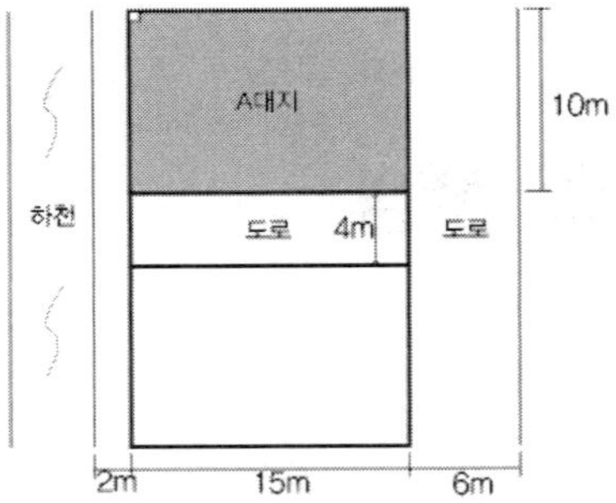

문) 그림과 같은 A대지의 대지면적으로 옳은 것은?

㉮ 126㎡
㉯ 130㎡
㉰ 138㎡
㉱ 150㎡

해답 ㉮

(2) 대지면적에서 제외되는 부분

소요너비 미달도로의 건축선과 도로 경계선 사이의 부분은 다음과 같이 대지면적 산정에서 제외된다.

① 소요너비에 미달되는 너비의 도로의 경우에는 그 중심선으로부터 당해 소요너비의 2분에 1에 상당하는 수평거리를 후퇴한 선을 건축선으로 하고, 이 건축선과 도로와의 사이의 대지의 면적은 건축법상 대지면적에 포함되지 아니하다.

② 소요너비에 미달되는 너비의 도로 중 도로의 반대쪽에 경사지 · 하천 · 철도 · 선로부지 기타 이와 유사한 것이 있는 경우에는 당해 경사지 등이 있는 쪽 도로경계선에서 소요너비에 상당하는 수평거리의 선을 건축선으로 하고 이 건축선과 도로와의 사이의 대지면적은 건축법상 대지면적에 포함되지 않는다.

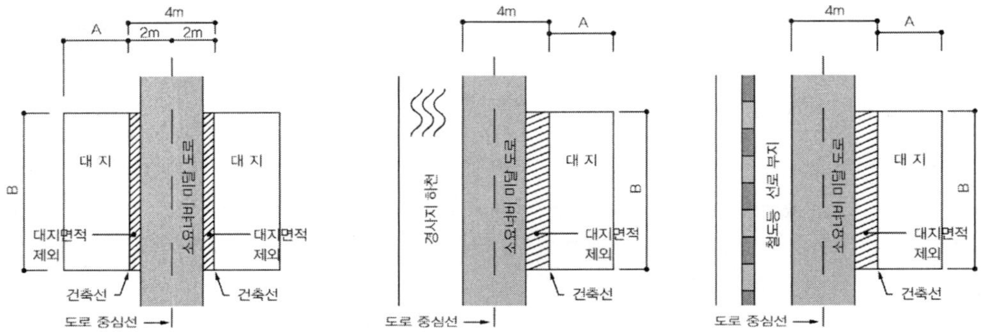

그림 6-2 소요너비 미달도로와 대지면적 산정

(3) 대지안의 도시·군계획시설인 도로·공원 등이 있는 경우 그 도시·군계획시설에 포함되는 대지면적은 건축법상 대지면적에 포함되지 않는다.

(4) 도로 너비 8미터 미만인 도로의 모퉁이에 위치한 대지의 도로모퉁이 부분의 건축선은 그 대지에 접한 도로경계선의 교차점으로부터 도로경계선에 따라 다음의 표에 의한 거리를 각각 후퇴한 2점을 연결한 선으로 한다.

표 6-1 교차도로의 너비 및 가각견제

도로의 교차각	당해 도로의 너비		교차되는 도로의 너비
	6m 이상 8m 미만	4m 이상 6m 미만	
90° 미만	4m	3m	6m 이상 8m 미만
	3m	2m	4m 이상 6m 미만
90° 이상 120° 미만	3m	2m	6m 이상 8m 미만
	2m	2m	4m 이상 6m 미만

* 하나의 도로가 8m이상이면 가각견제하지 않는다.

✓ 가각견제: 도로의 교차부분에서 시야를 확보하고 차선의 교통을 원활하게 하기 위해서 교차부분에 면하는 가각(**街角**)의 돌출부 일부를 완곡하게 만드는 것을 말한다.

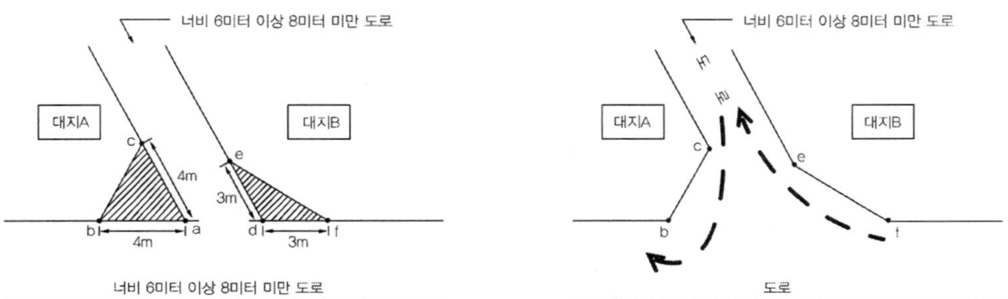

그림 6-3 도로너비 8미터 미만도로의 가각견제

그림 6-1 모퉁이 도로

2) 건축면적 산정

(1) 원칙

건축면적은 건축물의 외벽(외벽이 없는 경우에는 외곽부분의 기둥을 말한다)의 중심선으로 둘러싸인 부분의 수평투영면적으로 한다. 다만, 태양열을 주된 에너지원으로 이용하는 주택의 건축면적은 건축물의 외벽 중 내측 내력벽의 중심선을 기준으로 한다.

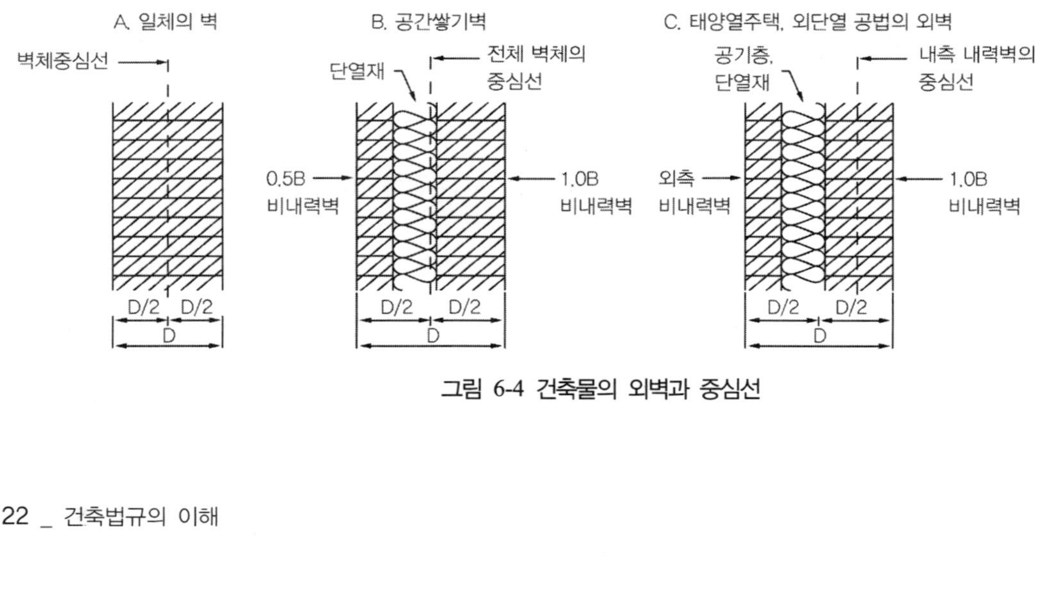

그림 6-4 건축물의 외벽과 중심선

(2) 건축면적에서 제외 또는 산입되는 부분

① 처마, 차양, 부연, 그 밖에 이와 비슷한 것으로서 그 외벽의 중심선으로부터 수평거리 1미터이상 돌출된 부분은 건축면적 산정에서 제외되며, 1미터 이상 돌출된 부분이 있는 건축물의 건축면적은 그 돌출된 끝부분으로부터 다음의 구분에 따른 수평거리를 후퇴한 선으로 둘러싸인 부분의 수평투영면적으로 한다.

㉠ 「전통사찰보존법」에 따른 전통사찰 : 4미터 이하의 범위에서 외벽의 중심선까지의 거리

㉡ 가축에게 사료 등을 투여하는 부위의 상부의 한쪽 끝은 고정되고 다른 쪽 끝은 지지되지 아니한 구조로 된 돌출차양이 설치된 축사 : 3미터 이하의 범위에서 외벽의 중심선까지의 거리

㉢ 한옥 : 2미터 이하의 범위에서 외벽의 중심선까지의 거리

㉣ 그 밖의 건축물 : 1미터 이하의 범위에서 외벽의 중심선까지의 거리

② 다음의 건축물의 건축면적은 다음에 정하는 바에 따라 산정한다.

㉠ 태양열을 주된 에너지원으로 하는 주택의 건축면적과 단열재를 구조체의 외기측에 설치하는 단열공법으로 건축된 건축물의 건축면적은 건축물의 외벽 중 내측 내력벽의 중심선을 기준으로 한다.

㉡ 창고 중 물품을 입출고하는 부위의 상부에 설치하는 돌출차양이 한쪽 끝은 고정되고 다른 끝은 지지되지 아니한 구조로 된 경우 다음에 따라 산정한 면적 중 작은 값을 건축면적에 산입한다.

- 해당 돌출차양을 제외한 창고의 건축면적의 10퍼센트를 초과하는 면적

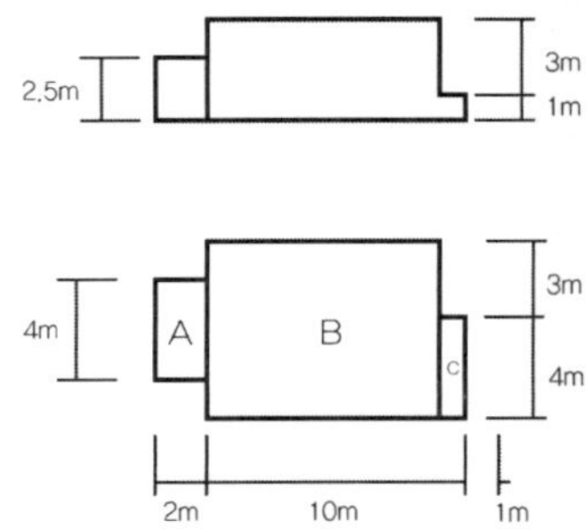

문) 그림과 같은 건축면적으로 옳은 것은?

㉮ 70㎡
㉯ 74㎡
㉰ 78㎡
㉱ 82㎡

해답 ㉯

- 해당 돌출차양의 끝부분으로부터 수평거리 3미터를 후퇴한 선으로 둘러싸인 부분의 수평투영면적

③ 다음의 경우에는 건축면적에 산입하지 아니한다.

㉠ 지표면으로부터 1미터 이하에 있는 부분(창고 중 물품을 입출고하기 위하여 차량을 접안시키는 부분의 경우에는 지표면으로부터 1.5미터 이하에 있는 부분)

㉡ 「다중이용업소의 안전관리에 관한 특별법 시행령」에 따라 기존의 다중이용업소(2004.5.29. 이전의 것에 한함)의 비상구에 연결하여 설치하는 폭 2미터 이하의 옥외피난계단(기존 건축물에 옥외계단을 설치함에 따라 건폐율 기준에 적합하지 아니하게 된 경우)

㉢ 건축물 지상층에 일반인이나 차량이 통행할 수 있도록 설치한 보행통로나 차량통로

㉣ 지하주차장의 경사로

㉤ 건축물 지하층의 출입구 상부(출입구 너비에 상당하는 규모의 부분을 말한다)

㉥ 생활폐기물 보관함(음식물쓰레기, 의류 등의 수거함을 말한다)

㉦ 「영유아보육법」에 따른 영유아보육시설(2005년 1월 29일 이전에 설치된 것만 해당)의 비상구에 연결하여 설치하는 폭 2미터 이하의 영유아용 대피용 미끄럼대 또는 비상계단

㉧ 「장애인 · 노인 · 임산부 등의 편의증진 보장에 관한 법률 시행령」에 따른 장애인용 승강기, 장애인용 에스컬레이터, 휠체어리프트, 경사로 또는 승강장

3) 바닥면적 산정

(1) 원칙

바닥면적은 건축물의 각 층 또는 그 일부로서 벽 · 기둥 기타 이와 비슷한 구획의 중심선으로 둘러싸인 부분의 수평투영면적으로 한다.

(2) 바닥면적산정에서 구조물의 일부만 산입하는 경우

① 벽 · 기둥의 구획이 없는 건축물은 그 지붕 끝부분으로부터 수평거리 1미터를 후퇴한 선으로 둘러싸인 수평투영면적으로 한다.

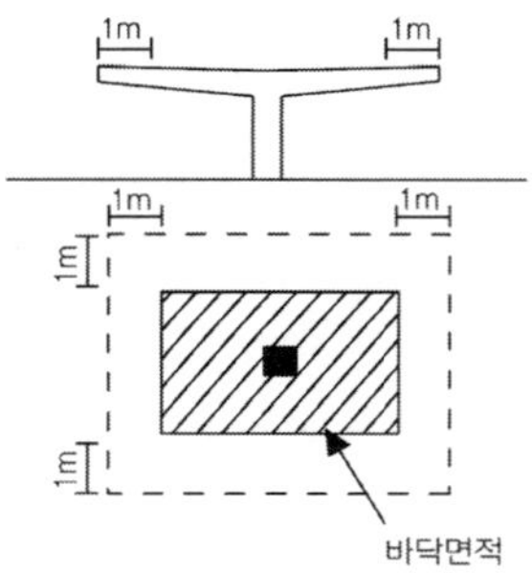

그림 6-5 캔딜레버형 구조물의 바닥면적

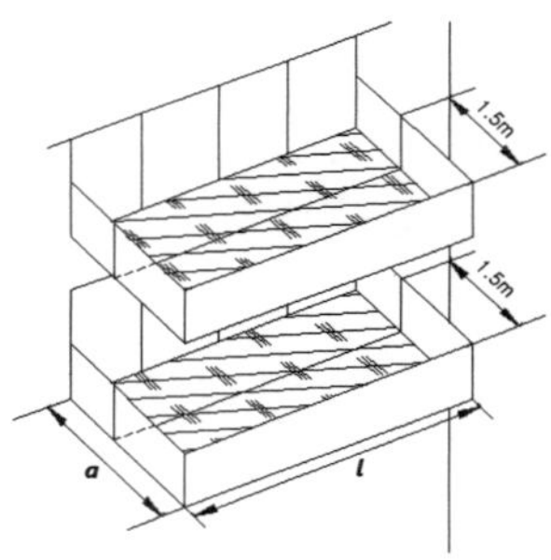

바닥면적 $= (l \times a) - (l \times 1.5m)$

그림 6-6 노대(발코니)의 바닥면적

② 주택의 발코니 등 건축물의 노대 그 밖의 이와 비슷한 것의 바닥은 난간 등의 설치 여부에 관계없이 노대 등의 면적(외벽의 중심선으로부터 노대 등의 끝부분까지의 면적을 말한다)에서 노대 등에 접한 가장 긴 외벽에 접한 길이에 1.5미터를 곱한 값을 공제한 면적을 바닥면적에 산입한다.

③ 단열재를 구조체의 외기측에 설치하는 단열공법으로 건축된 건축물의 경우에는 단열재가 설치된 외벽 중 내측 내력벽의 중심선을 기준으로 산정한 면적을 바닥면

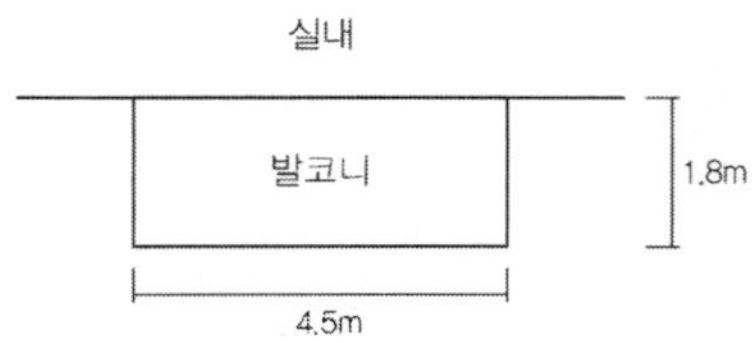

문) 다음 공동주택의 평면도에서 발코니 면적은 바닥면적에 얼마나 산입되는가?

㉮ 바닥면적에 산입되지 않는다.
㉯ 1.35㎡
㉰ 8.12㎡
㉱ 4.05㎡

해답 ㉯

적으로 한다.

(3) 바닥면적산정에서 구조물의 전부가 제외되는 경우

① 피로티와 기타 이와 비슷한 구조(벽면적의 2분의 1이상이 당해 층의 바닥면에서 윗층 바닥 아래면까지 공간으로 된 것만 해당한다)의 부분은 그 부분이 공중의 통행이나 차량의 통행 또는 주차에 전용되는 경우와 공동주택의 경우에는 바닥면적에 산입하지 아니한다.

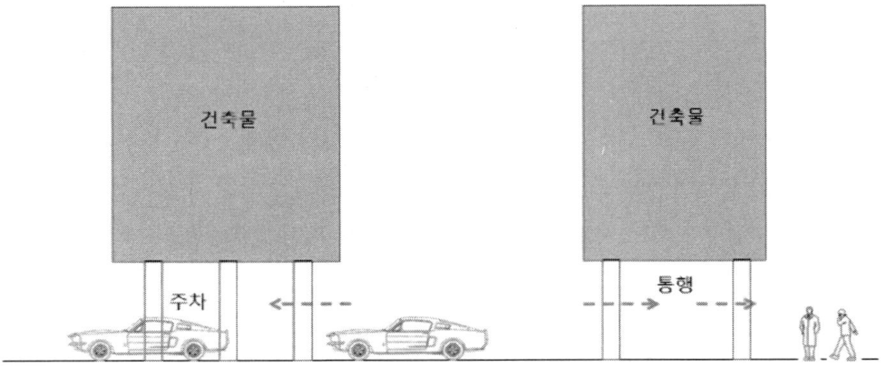

그림 4. 피로티나 그 밖에 이와 비슷한 구조의 용도

그림 6-7 피로티 등의 구조

② 승강기탑, 계단탑, 장식탑, 다락[층고가 1.5미터(경사진 형태의 지붕인 경우에는 1.8미터)이하인 것만 해당한다], 건축물의 외부 또는 내부에 설치하는 굴뚝, 더스트 슈트, 설비 덕트, 기타 이와 유사한 것과 옥상 · 옥외 또는 지하에 설치하는 물탱크, 기름탱크, 냉각탑, 정화조, 도시가스 정압기, 그 밖에 이와 유사한 것의 설치를 위한 구조물은 바닥면적에 산입하지 아니한다.

사진 6-2 옥상의 승강기탑

③ 공동주택으로서 지상층에 설치한 기계실, 전기실, 어린이놀이터, 조경시설 및 생활폐기물 보관함의 면적은 바닥면적에 산입하지 아니한다.

④ 「다중이용업소의 안전관리에 관한 특별법 시행령」에 따라 기존의 다중이용업소(2004년 5월 29일 이전의 것만 해당한다)의 비상구에 연결하여 설치하는 폭 1.5미터 이하의 옥외피난계단(기존 건축물에 옥외피난계단을 설치함으로써 법 제56조에 따른 용적률 기준에 적합하지 아니하게 된 경우만 해당한다)은 바닥면적에 산입하지 아니한다.

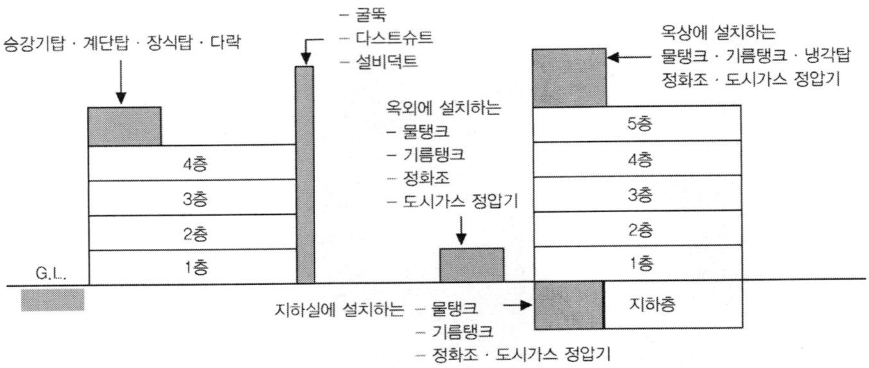

그림 6-8 승강기탑 등의 바닥면적 산정 제외

⑤ 건축물을 리모델링하는 경우로서 미관 향상, 열의 손실 방지 등을 위하여 외벽에 부가하여 마감재 등을 설치하는 부분은 바닥면적에 산입하지 아니한다.

⑥ 「영유아보육법」에 따른 어린이집(2005년 1월 29일 이전에 설치된 것만 해당)의 비상구에 연결하여 설치하는 폭 2미터 이하의 영유아용 대피용 미끄럼대 또는 비상계단의 면적은 바닥면적(기존 건축물에 영유아용 대피용 미끄럼대 또는 비상계단을 설치함으로써 법 제56조에 따른 용적률 기준에 적합하지 아니하게 된 경우만 해당)에 산입하지 아니한다.

⑦ 「장애인 · 노인 · 임산부 등의 편의증진 보장에 관한 법률 시행령」에 따른 장애인용 승강기, 장애인용 에스컬레이터, 휠체어리프트, 경사로 또는 승강장은 바닥면적에 산입하지 아니한다.

사진 6-3 경사로

4) 연면적 산정

(1) 원칙

연면적은 하나의 건축물의 각 층(지하층을 포함한다)의 바닥면적의 합계로 한다.

(2) 예외규정

용적률의 산정에 있어서는 다음에 해당하는 면적을 제외한다.

① 지하층의 면적

② 지상층의 주차용(당해 건축물의 부속용도인 경우에 한한다)으로 사용되는 면적

③ 초고층 건축물과 준초고층 건축물에 설치하는 피난안전구역의 면적

④ 건축물의 경사지붕 아래에 설치하는 대피공간의 면적

2. 건축물의 높이 및 층수 산정

1) 건축물의 높이 산정

(1) 원칙

건축물의 높이는 지표면으로 부터 당해 건축물의 상단까지의 높이로 한다.

하지만 건축물의 높이를 산정하는 기준은 본 원칙이외에 도로에 의한 높이제한(법 제60조)을 적용할 때, 일조 등의 확보를 위한 건축물의 높이제한(법 제61조)을 적용할 때, 건축물의 높이 산정에서 제외되는 경우 등에 따라 달라진다

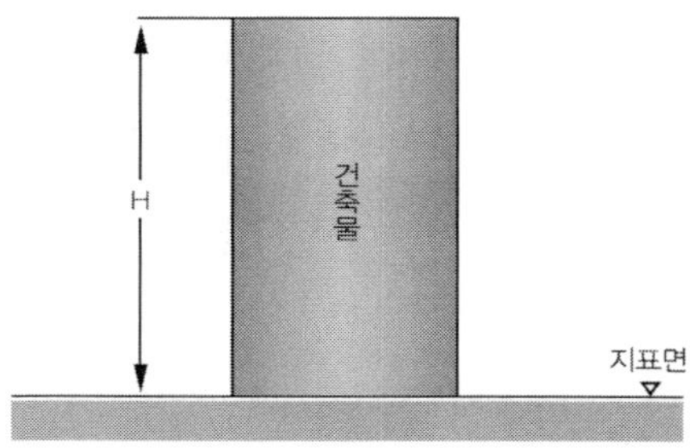

그림 6-9 건축물의 높이

(2) 도로에 의한 높이제한의 경우

① 대지와 대지에 접한 전면도로의 고저차가 없는 경우에는 원칙적인 기점은 전면도로의 중심선으로부터 높이로 하고 종점은 건축물의 각 해당부분의 상단까지의 높이로 한다.

② 건축물의 대지에 접하는 전면도로의 노면에 고저차가 있는 경우에는 그 건축물이 접하는 범위의 전면도로부분의 수평거리에 따라 가중평균한 높이의 수평면을 전면도로면으로 본다.

③ 건축물의 대지에 지표면이 전면도로보다 높은 경우에는 그 고저차의 2분의 1의 높이만큼 올라온 위치에 그 전면도로의 면이 있는 것으로 본다.

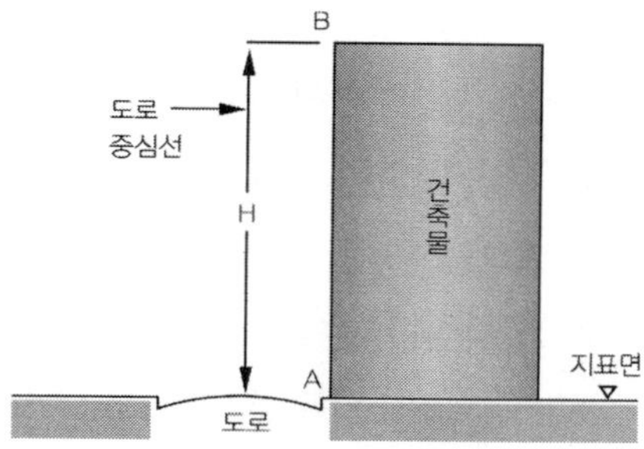

그림 6-10 도로에 의한 건축물의 높이

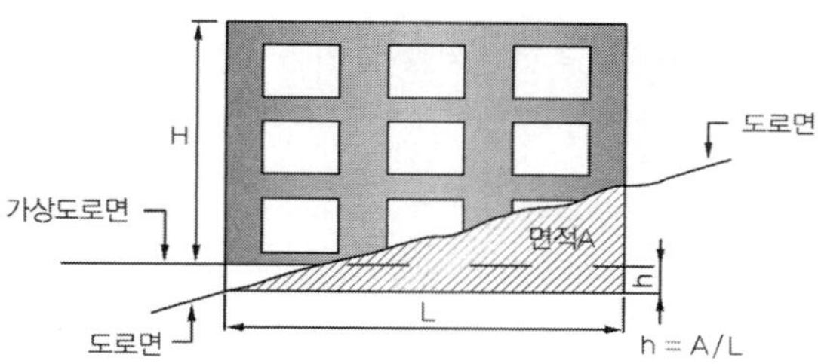

H : 건축물의 높이

h : 가상도로면(가중평균한 높이의 수평면)

A : 건축물이 전면도로와 접한 면적

l : 도로에 면한 건축물의 수평거리

$$h = \frac{A}{l}$$

그림 6-11 전면도로의 노면에 고처차가 있는 경우 건축물 높이 산정

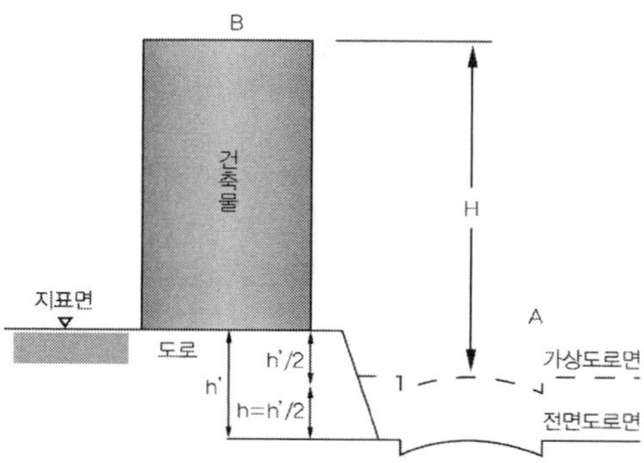

h' : 고저차

h : 가상도로면

H : 건축물의 높이

그림 6-12 대지의 지표면이 전면도로보다 높은 경우의 건축물 높이 산정

(3) 일조 등의 확보를 위한 건축물의 높이제한의 경우

① 일조 등의 확보를 위한 건축물의 높이 제한(법 제61조)에 따른 건축물의 높이 산정에 있어서 건축물 대지의 지표면과 인접대지 지표면간의 고저차가 있는 경우에는 그 지표면의 평균 수평면을 지표면으로 본다.

② 전용주거지역 및 일반주거지역을 제외한 지역에서 공동주택을 다른 용도와 복합하여 건축하는 경우에는 공동주택의 가장 낮은 부분을 당해 건축물의 지표면으로 본다.

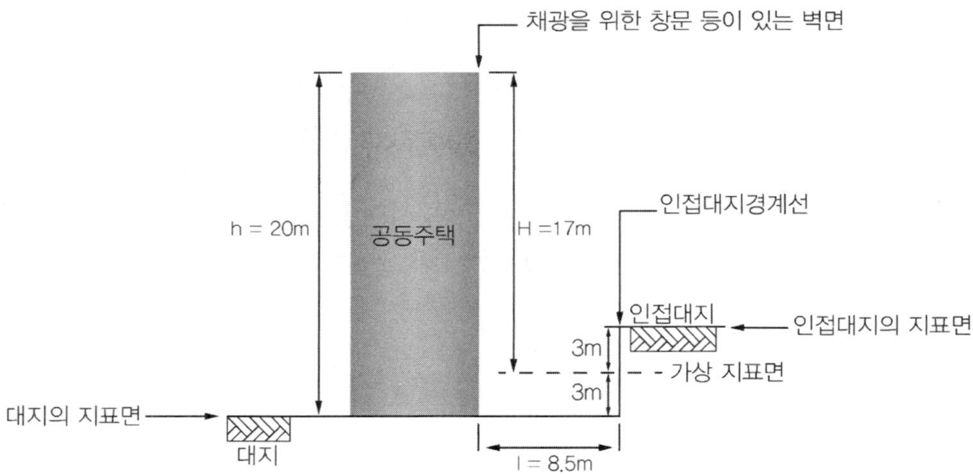

그림 6-13 일조 등의 확보를 위한 인접대지와 고저차가 있는 경우의 건축물 높이 산정

<참조>

영 제86조제2항제1호의 규정에 의하면 건축물의 각 부분의 높이는 그 부분으로부터 채광을 위한 창문 등이 있는 벽면에서 직각방향으로 인접대지경계선까지의 수평거리의 2배 이하의 높이로 규정하고 있다.

(4) 건축물의 높이산정에서 제외되는 부분

① 건축물의 옥상에 설치되는 승강기탑·계단탑·망루·장식탑·옥탑 등으로서 그 수평투영면적의 합계가 해당 건축물 건축면적의 8분의 1(주택법의 규정에 의한 사업계획승인 대상인 공동주택 중 세대별 전용면적이 85제곱미터 이하인 경우에는 6분의 1) 이하인 경우로서 그 부분의 높이가 12미터를 넘는 경우에는 그 넘는 부분에 한하여 당해 건축물의 높이에 산입한다.

② 지붕마루장식·굴뚝·방화벽의 옥상돌출부나 그 밖에 이와 유사한 옥상돌출물과 난간벽(그 벽면적의 2분의 1이상이 공간으로 되어 있는 것에 해당한다)은 당해 건축물의 높이에 산입하지 아니한다.

③ 건축물의 1층 전체에 피로티(경비실, 계단실, 승강기실 등을 포함)가 설치되어 있는 경우에는 시행령 제82조[가로구역별로 건축물의 최고높이 지정] 및 제86조 제2항[공동주택의 일조확보를 위한 높이제한]을 적용함에 있어서 피로티의 층고를 건축물의 높이 산정에서 제외한다.

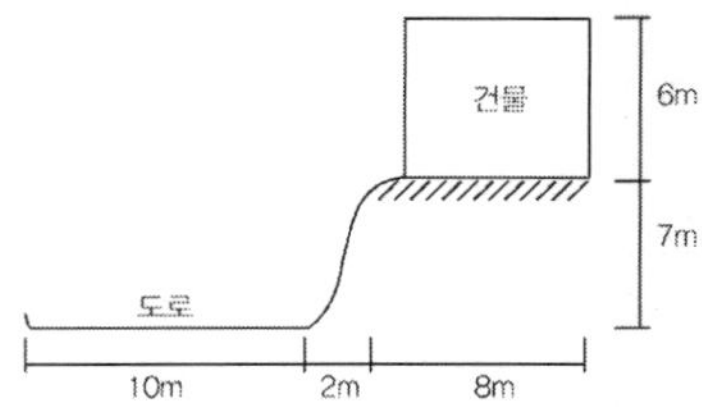

문) 다음 그림에서 도로의 사선제한에 의한 건축물 높이는 얼마인가?

㉮ 5m
㉯ 9m
㉰ 9.5m
㉱ 1.3m

해답 ㉰

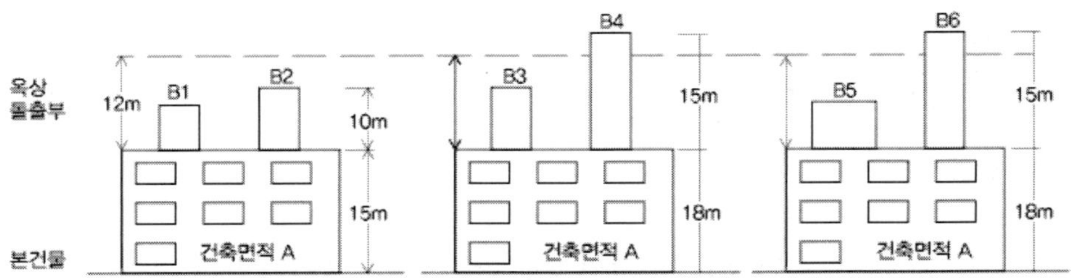

$B_1 + B_2 \leq \frac{1}{8}A$이면 건축물의 높이 H= 18m

$B_3 + B_4 \leq \frac{1}{8}A$이면 $H = 18m + (15m - 12m) = 21m$

$B_5 + B_6 > \frac{1}{8}A$이면 $H = 18m + 15m = 33m$

그림 6-14 옥상부분에 대한 건축물의 높이 산정

2) 처마높이

처마높이는 지표면으로부터 건축물의 지붕틀 또는 이와 유사한 수평재를 지지하는 벽·깔도리 또는 기둥의 상단까지의 높이로 한다.

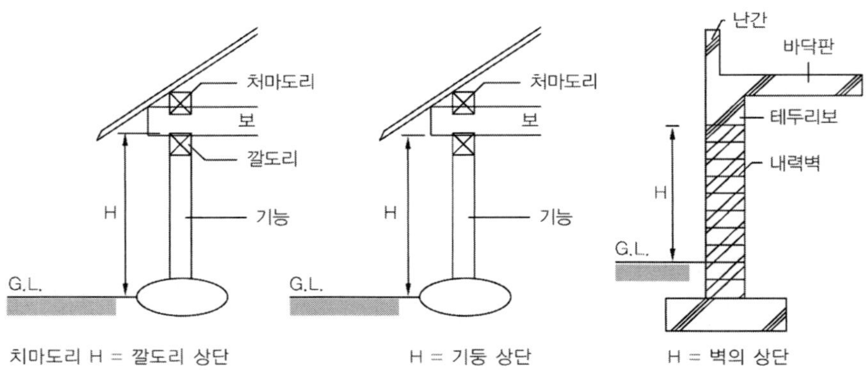

그림 6-15 처마높이의 산정

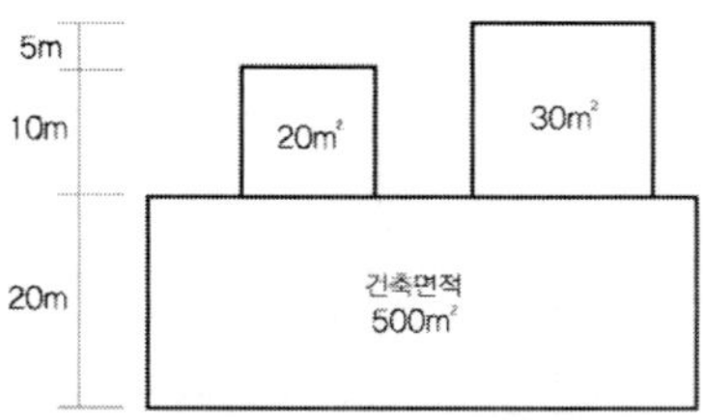

문) 건축면적인 500m²인 건축물의 옥상 각 부분의 높이가 그림과 같은 경우 건축물의 높이로서 맞는 것은?

㉮ 23m
㉯ 25m
㉰ 30m
㉱ 35m

해답 ㉮

3) 거실의 반자높이

거실의 반자높이는 방의 바닥면으로부터 반자까지의 높이로 한다. 다만, 동일한 방에서 반자높이가 다른 부분이 있는 경우에는 그 각 부분의 반자의 면적에 따라 가중평균한 높이로 한다.

거실의 반자(반자가 없는 경우에는 보 또는 바로 윗층의 바닥판의 밑면, 그 밖에 이와 비슷한 것)의 높이는 다음 표의 값 이상으로 하여야 한다.

표 6-2 거실 종류별 반자높이

거실의 종류	반자높이	비 고
모든 건축물(공장, 창고시설, 위험물저장 및 처리시설, 동물 및 식물관련시설, 분뇨 및 쓰레기처리시설 또는 묘지관련시설은 제외)	2.1m 이상	일반 원칙임
문화 및 집회시설(전시장 및 동 · 식물원 제외), 장례식장 또는 위락시설중 유흥주점의 용도로 쓰는 건축물의 관람석 또는 집회실로서 바닥면적이 200m² 이상인 것	4.0m 이상	다만, 기계환기장치를 설치하는 경우에는 그러하지 아니하다.
* (노대의 아랫부분)	2.7m 이상	

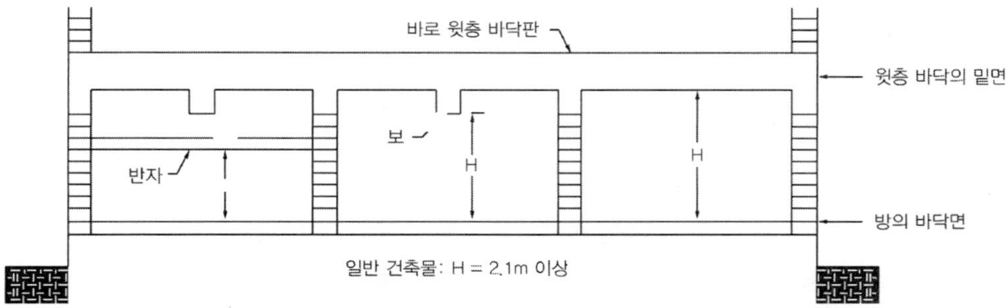

그림 6-16 거실의 반자높이 및 층고 산정

4) 층고

층고는 방의 바닥구조체 윗면으로부터 위층바닥 구조체의 윗면까지의 높이로 한다. 다만, 동일한 방에서 층의 높이가 다른 부분이 있는 경우에는 그 각 부분의 높이에 따른 면적에 따라 가중평균한 높이로 한다.

5) 층수

(1) 층수 산정의 원칙

① 층의 구분이 명확하지 아니한 건축물은 당해 건축물의 높이 4미터마다 하나의 층으로 산정한다.

② 건축물의 부분에 따라 그 층수를 달리하는 경우에는 그 중 가장 많은 층수로 한다.

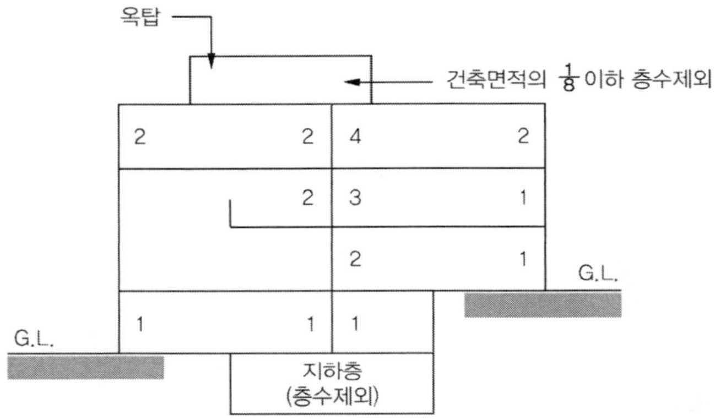

그림 6-17 건물의 층수 산정

(2) 층수 산정에서 제외되는 부분

① 승강기탑 · 계단탑 · 망루 · 장식탑 · 옥탑 기타 이와 유사한 건축물의 옥상부분으로서 그 수평투영면적의 합계가 당해 건축물의 건축면적의 8분의 1(「주택법」 제16조제1항의 규정에 의한 사업계획승인 대상인 공동주택 중 세대별 전용면적이 85제곱미터 이하인 경우에는 6분의 1)이하인 것은 층수에 산입하지 아니한다.

② 지하층은 건축물의 층수에 산입하지 아니한다.

문) 건축물의 면적, 높이 등의 산정방법에 규정된 내용 중 지표면과 관련이 없는 것은?

㉮ 건축면적
㉯ 바닥면적
㉰ 건축물의 높이
㉱ 처마높이

해답 ㉯

6) 지하층의 지표면 산정

지하층의 지표면은 각 층의 주위가 접하는 각 지표면 부분의 높이를 그 지표면 부분의 수평거리에 따라 가중평균한 높이의 수평면을 지표면으로 산정한다.

지표면에 고저차가 있는 경우에는 건축물의 주위가 접하는 각 지표면 부분의 높이를 당해 지표면 부분의 수평거리에 따라 가중평균한 높이의 수평면을 지표면으로 본다. 이 경우 그 고저차가 3미터를 넘는 경우에는 당해 고저차가 3미터 이내의 부분마다 그 지표면을 정한다.

07 건축물의 건폐율·용적률 및 높이 기준

1. 건축물의 건폐율

건폐율은 대지에 최소한의 공지를 확보하여 일조, 채광, 통풍을 얻게 하고 화재 시에 인접한 건축물과의 연소방지와 소방, 재해시의 피난 등을 용이하게 할 뿐만 아니라, 도시의 평면적인 과밀화를 억제하여 도시의 쾌적한 생활환경을 보호하고 한정된 토지자원을 효율적으로 활용하기 위한 수단이다. 용도지역 · 지구에 따라 그 기준을 달리 정하고 있다.

건폐율은 지상층 건축물의 수평투영면적(건축면적)을 대지면적으로 나눈 비율이다.

✓ 건폐율은 지표면상의 공지 확보의 수단이다.

1) 지역별 건폐율의 최대한도

건폐율은 용도지역에 따라 다르다. 용도지역 지정 목적에 부합하도록 기준을 정하고 있다. 구체적으로 설계에 반영하는 건폐율은 법과 시행령이 정하는 범위 안에서 해당 지방자치단체의 도시계획조례로 정한다.

표 7-1 용도지역별 건폐율 기준

용도지역		건폐율(%)	용도지역		건폐율(%)
도시지역	주거지역	70	관리지역	보전관리지역	20
	상업지역	90		생산관리지역	20
	공업지역	70		계획관리지역	40
	녹지지역	20	농림지역		20
			자연환경보전지역		20

표 7-2 용도지역안에서의 건폐율의 최대한도
(국토의 계획 및 이용에 관한 법률 시행령 제84조)

용도지역	건폐율(%)	건폐율의 완화
제1종전용주거지역	50	
제2종전용주거지역	50	
제1종일반주거지역	60	
제2종일반주거지역	60	
제3종일반주거지역	50	
준주거지역	70	방화지구안에 있는 건축물로서 "건폐율의 완화규정"에 해당하는 경우에는 좌측란의 건폐율의 규정에 불구하고 80% 이상 90% 이하의 범위안에서 도시 · 군계획 조례가 정하는 비율
근린상업지역	70	
일반상업지역	80	
유통상업지역	80	
중심상업지역	90	
전용공업지역 일반공업지역 준공업지역	70	산업입지 및 개발에 관한 법률 제2조 제8호의 규정에 의한 농공단지 : 70% 이하
보전녹지지역 생산녹지지역 자연녹지지역	20	자연취락지구인 경우에는 40%
보전관리지역 생산관리지역 농림지역 자연환경보전지역	20	농지법 제32조에 따라 건축할 수 있는 건축물의 경우에는 좌측의 규정에 불구하고 그 건폐율은 60% 이하의 범위에서 도시계획구조례가 정하는 비율 이내
계획관리지역	40	

문) 다음 지역의 대지면적이 500㎡일 경우 최대 건축면적으로 틀린 것은?

㉮ 준주거지역의 건축면적은 400㎡
㉯ 전용공업지역의 건축면적 350㎡
㉰ 제2종 전용주거지역의 건축면적은 250㎡
㉱ 생산녹지지역의 건축면적은 100㎡

해답 ㉮

표 7-3 기타 지구 또는 구역안에서의 건폐율의 최대한도

지구 또는 지역	건폐율의 최대한도
취락지구	60% 이하
도시지역외의 지역에 지정된 개발진흥지구	40% 이하
수산자원보호구역	40% 이하
자연공원법에 따른 자연공원	60% 이하
산업입지 및 개발에 관한 법률에 따른 농공단지	70% 이하
공업지역 안에 있는 국가산업단지·일반산업단지 및 도시첨단산업단지 및 준산업단지	80% 이하

2) 건폐율의 완화

일반상업지역·근린상업지역 또는 준주거지역의 방화지구안에 있는 건축물로서 주요구조부와 외벽이 내화구조인 건축물 중 도시·군계획조례를 정하는 경우의 건폐율은 앞의 1)의 규정에 불구하고 80% 이상 90% 이하의 범위안에서 도시·군계획조례로 정하는 비율을 초과할 수 없다.

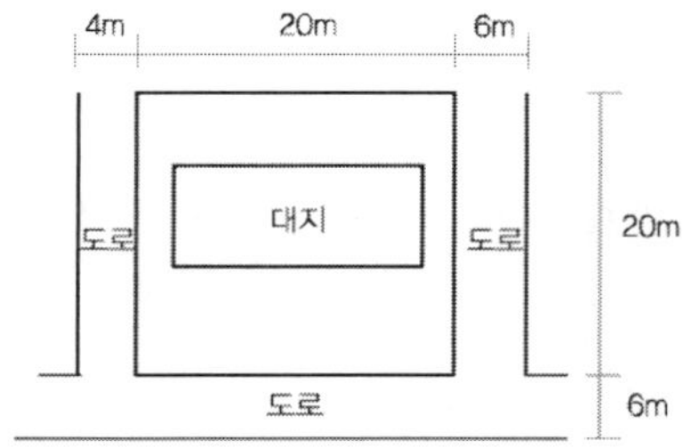

문) 일반상업지역 안에서 그림과 같은 대지의 최대건축면적으로 맞는 것은?(단, 건폐율 시행령 최대규정 적용)

㉮ 236.1㎡
㉯ 237.6㎡
㉰ 314.8㎡
㉱ 316.8㎡

해답 ㉰

2. 건축물의 용적률

용적률은 용도지역·지구 등의 도시관리 수단인 동시에 도시기반시설, 도시경관계획 등을 감안한 입체적인 제어수단이다.

한정된 토지를 효율적으로 활용하고 도시 과밀화를 억제하여, 쾌적한 생활환경을 보호하는 것이 용적률의 지정 목적이다.

용적률은 지상층의 연면적을 대지면적으로 나눈 값으로 산정한다. 그러나 하나의 대지안에 여러 동이 건축되면 각각의 지상층(지하층 부분의 바닥면적은 제외한다) 연면적의 합을 대지면적으로 나눈 값으로 산정한다.

문) 건폐율을 완화 받을 수 없는 지역은?

㉮ 유통상업지역
㉯ 일반상업지역
㉰ 근린상업지역
㉱ 준주거지역

해답 ㉮

1) 용도지역안에서의 용적률 기준

용적률은 용도지역별로 달리 정한다. 법과 시행령에서 정하는 범위 안에서 해당 지방자치단체의 도시계획 조례에서 구체적으로 결정한다.

✓ 용적률은 유효한 도시공간을 확보하도록 하기 위한 건축물의 입체적 제한을 하는 것이다.

표 7-4 용도지역안에서의 용적률의 최대한도
(국토의 계획 및 이용에 관한 법률 제78조)

용도지역		용적률(%)	용도지역		용적률(%)
도시지역	주거지역	500	관리지역	보전관리지역	80
	상업지역	1천500		생산관리지역	80
	공업지역	400		계획관리지역	100
			농림지역		80
	녹지지역	100	자연환경보전지역		80

표 7-5 용도지역안에서의 용적률의 최대한도
(국토의 계획 및 이용에 관한 법률 시행령 제 85조)

용도지역	용적률(%)	용도지역	용적률(%)
제1종전용주거지역	50~100	전용공업지역	150~300
제2종전용주거지역	100~150	일반공업지역	200~350
제1종일반주거지역	100~200	준공업지역	200~400
제2종일반주거지역	150~250	보전녹지지역	50~80
제3종일반주거지역	200~300	생산녹지지역	50~100
준주거지역	200~500	자연녹지지역	50~100
중심상업지역	400~1천500	보전관리지역	50~80
일반상업지역	300~1천300	생산관리지역	50~80
근린상업지역	200~900	계획관리지역	50~100
유통상업지역	200~1천100	농림지역	50~80
		자연환경보전지역	50~80

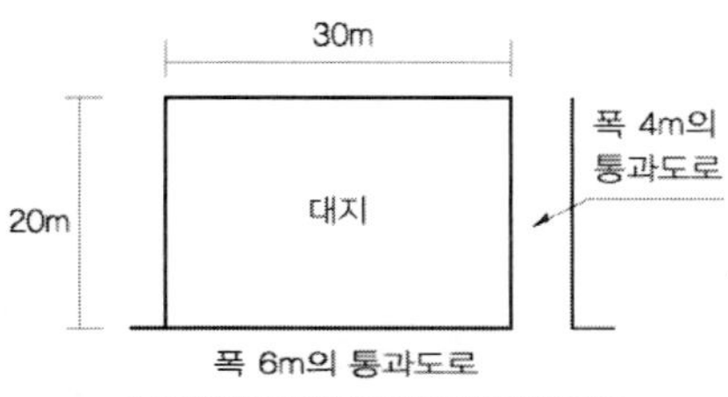

문) 다음 그림과 같은 대지에 최대한의 연면적을 가진 건축물을 건축하고자 한다. 층수는 지하 1층(200㎡), 지상 5층으로 하고자 할 경우에 최대한 건축할 수 있는 연면적은?(단, 건폐율은 50%, 용적률은 200% 이다.)

㉮ 1,196㎡
㉯ 1,200㎡
㉰ 1,396㎡
㉱ 1,695㎡

해답 ㉰

표 7-6 기타 지구 또는 구역안에서의 용적률의 최대한도

지구 또는 구역	용적률의 최대한도
도시지역외의 지역에 지정된 개발진흥지구	100% 이하
수산자원보호구역	80% 이하
자연공원법에 따른 자연공원 (단서 : 공원밀집마을지구 및 공원집단시설지구의 경우)	100% 이하 (200% 이하)
산업입지 및 개발에 관한 법률에 따른 농공단지	150% 이하

2) 공원 또는 넓은 도로에 접한 건축물의 용적률 완화

준주거, 중심상업, 일반상업, 근린상업, 전용공업, 일반공업 또는 준공업지역안에 건축물로 다음에 해당하는 경우로서 경관, 교통, 방화 및 위생상 지장이 없다고 인정되는 경우, 당해 지역 용적률의 120% 이하의 범위 안에서 특별시 · 광역시 · 시 또는 군의 도시계획 조례가 정하는 비율에 따라 완화할 수 있다.

(1) 공원 · 광장(교통광장 제외) · 하천 그밖에 건축이 금지된 공지에 접한 도로를 전면도로로 하는 대지안의 건축물

(2) 공원 · 광장(교통광장 제외) · 하천 그 밖에 건축이 금지된 공지에 20미터 이상 접한 대지안의 건축물

(3) 너비 25미터 이상인 도로에 20미터 이상 접한 대지안의 건축면적이 1천 제곱미터 이상인 건축물

문) 용적률의 최대한도가 높은 지역부터 나열된 것은?

㉮ 준공업지역 - 일반공업지역 - 전용공업지역
㉯ 전용공업지역 - 일반공업지역 - 준공업지역
㉰ 자연녹지지역 - 생산녹지지역 - 보전녹지지역
㉱ 제1종전용주거지역 - 생산녹지지역 - 자연녹지지역

해답 ㉮

3) 대지의 일부를 공공시설 부지로 제공하는 경우의 용적률 완화

다음의 구역 안에서 대지면적 일부를 공공시설 부지로 제공하는 경우에는 해당 용적률의 200% 이하의 범위 안에서 대지면적의 제공비율에 따라 특별시 · 광역시 · 시 또는 군의 도시계획조례가 정하는 비율로 완화할 수 있다.

(1) 「도시 및 주거환경 정비법」에 의한 주택재개발사업, 도시환경정비사업 및 주택재건축사업을 시행하기 위한 정비구역

(2) 상업지역

4) 임대주택의 용적률 완화

주거지역 안에서 임대주택(임대의무기간이 10년 이상인 경우)을 건립하는 경우에는 특별시 · 광역시 · 시 또는 군의 도시계획조례로 해당 지역 용적률의 20% 이하의 범위 안에서 추가건설을 허용할 수 있다. 다만, 다음에 해당되는 경우에는 적용하지 아니한다.

(1) 개발제한구역 · 시가화조정구역(市街化調整區域) · 녹지지역 또는 공원에서 해제되는 구역과 새로 도시지역으로 편입되는 구역 중 계획적인 개발 또는 관리가 필요한 지역인 경우

(2) 기존의 용도지역 또는 용도지구가 용적률이 높은 용도지역 또는 용도지구로 변경되는 경우로서 기존의 용도지역 또는 용도지구의 용적률을 적용하지 아니하는 경우

5) 시 또는 군의 조례가 정하는 높이로 규모 등을 제한

1) 내지 2)의 용도지역에서 용적률완화 규정에도 불구하고 도시지역(녹지지역에 한함), 관리지역에서의 창고 등은 특별시 · 광역시 · 시 또는 군의 조례가 정하는 높이로 규모 등을 제한할 수 있다.

6) 기부채납에 의한 용적률 완화

건축물을 건축하려는 자가 그 대지의 일부를 사회복지시설 중 아래와 같은 시설을 설치하여 국가 또는 지방자치단체에 기부 채납하는 경우에는 기부하는 시설의 연면적의 2배 이하의 범위에서 도시 · 군계획조례로 정하는 바에 따라 추가 건축을 허용할 수 있다. 다만, 해당 용적률은 도시 · 군계획조례로 정하는 용적률의 120%, 또한 용도지역별 용적률의 최대한도을 초과할 수 없다.

(1) 어린이집(영유아보육법 제2조제3호)

(2) 노인복지관(노인복지법 제36조제1항제1호)

(3) 사회복지시설(특별시장 · 광역시장 · 특별자치시장 · 특별자치도지사 · 시장 또는 군수가 해당 지역의 사회복지시설 수요를 고려하여 도시 · 군계획조례로 정한다)

3. 대지의 분할 제한

1) 건축물이 있는 대지의 분할 규모

대지의 최소면적에 대한 제한 기준은 없어졌지만 건축물이 있는 대지의 분할을 제한하는 최소면적은 주거지역은 60제곱미터, 상업지역 150제곱미터, 공업지역 150제곱미터, 녹지지역 200제곱미터, 기타지역은 60제곱미터의 범위 안에서 건축조례가 별도로 정한다.

2) 건축물이 있는 대지의 분할 조건

건축물이 있는 대지의 분할은 다음의 「건축법」에서 정하는 기준에 적합하지 않으면 분할할 수 없다.

(1) 조례가 정하는 분할제한 최소면적(법 제57조)

(2) 대지와 도로의 관계법(법 제44조)

(3) 건축물의 건폐율(법 제55조)

(4) 건축물의 용적률(법 제56조)

(5) 대지 안의 공지(법 제58조)

(6) 건축물의 높이 제한(법 제60조)

(7) 일조 등의 확보를 위한 건축물의 높이 제한(법 제61조)

문) 다음 중 대지면적의 분할 제한을 가장 낮게 건축조례를 정할 수 있는 지역은?

㉮ 주거지역
㉯ 녹지지역
㉰ 공업지역
㉱ 상업지역

해답 ㉮

4. 대지 안의 공지

건축물을 건축하거나 용도변경하는 경우에는 「국토의 계획 및 이용에 관한 법률」에 따른 용도지역 · 용도지구, 건축물의 용도 및 규모 등에 따라 건축선 및 인접대지경계선으로부터 6미터 이내의 범위에서 해당 지방자치단체의 조례로 정하는 거리 이상을 띄워야 한다.

1) 건축선으로부터 건축물까지 띄어야 하는 거리

건축선으로부터 건축물까지 띄어야 하는 거리의 기준은 다음과 같다.

표 7-7 건축물별 건축선으로부터 띄워야 하는 거리 기준

대상 건축물	건축조례에서 정하는 건축기준
해당 용도로 쓰는 바닥면적의 합계가 500제곱미터 이상인 공장(전용공업지역, 일반공업지역 또는 「산업입지 및 개발에 관한 법률」에 따른 산업단지에서 건축하는 공장은 제외한다)으로서 건축조례로 정하는 건축물	- 준공업지역 : 1.5미터 이상 6미터 이하 - 준공업지역 외의 지역 : 3미터 이상 6미터 이하
해당 용도로 쓰는 바닥면적의 합계가 500제곱미터 이상인 창고(전용공업지역, 일반공업지역 또는 「산업입지 및 개발에 관한 법률」에 따른 산업단지에서 건축하는 창고는 제외한다)로서 건축조례로 정하는 건축물	- 준공업지역 : 1.5미터 이상 6미터 이하 - 준공업지역 외의 지역 : 3미터 이상 6미터 이하
해당 용도로 쓰는 바닥면적의 합계가 1,000제곱미터 이상인 판매시설, 숙박시설(일반숙박시설은 제외한다)로서 건축조례로 정하는 건축물	3미터 이상 6미터 이하
다중이 이용하는 건축물로서 건축조례로 정하는 건축물	3미터 이상 6미터 이하
공동주택	- 아파트 : 2미터 이상 6미터 이하 - 연립주택 : 2미터 이상 5미터 이하 - 다세대주택 : 1미터 이상 4미터 이하
그 밖에 건축조례로 정하는 건축물	1미터 이상 6미터 이하(한옥의 경우에는 처마선 2미터 이하, 외벽선 1미터 이상 2미터 이하)

2) 인접대지경계선으로부터 건축물까지 띄어야 하는 거리

인접대지경계선으로부터 건축물까지 띄어야 하는 거리 기준은 다음과 같다.

표 7-8 건축물별 인접대지경계선으로부터 띄어야 하는 거리

대상 건축물	건축조례에서 정하는 건축기준
전용주거지역에 건축하는 건축물(공동주택은 제외한다)	1미터 이상 6미터 이하(한옥의 경우에는 처마선 2미터 이하, 외벽선 1미터 이상 2미터 이하)
해당 용도로 쓰는 바닥면적의 합계가 500제곱미터 이상인 공장(전용공업지역, 일반공업지역 또는 「산업입지 및 개발에 관한 법률」에 따른 산업단지에서 건축하는 공장은 제외한다)으로서 건축조례로 정하는 건축물	-준공업지역 : 1미터 이상 6미터 이하 -준공업지역 외의 지역 : 1.5미터 이상 6미터 이하
상업지역이 아닌 지역에 건축하는 건축물로서 해당 용도로 쓰는 바닥면적의 합계가 1,000제곱미터 이상인 판매시설, 숙박시설(일반숙박시설은 제외한다), 문화 및 집회시설(전시장 및 동·식물원은 제외한다) 및 종교시설	1.5미터 이상 6미터 이하
다중이 이용하는 건축물(상업지역에서 건축하는 건축물은 제외한다)로서 건축조례로 정하는 건축물	1.5미터 이상 6미터 이하
공동주택(상업지역에서 건축하는 공동주택은 제외 한다).	-아파트 : 2미터 이상 6미터 이하 -연립주택 : 1.5미터 이상 5미터 이하 -다세대주택 : 0.5미터 이상 4미터 이하
그 밖에 건축조례로 정하는 건축물	0.5미터 이상 6미터 이하(한옥의 경우에는 처마선 2미터 이하, 외벽선 1미터 이상 2미터 이하)

5. 맞벽건축과 연결복도

1) 맞벽건축

맞벽건축은 둘 이상의 건축물의 벽이 인접대지경계선으로부터 50센티미터 이내의 경우를 말한다.

도시미관 등을 위한 상업지역, 허가권자가 도시미관 또는 한옥 보전 · 진흥을 위하여 건축조례로 정하는 구역, 건축물 및 토지의 소유자간 합의한 경우의 주거지역은 맞벽건축을 설치할 수 있다. 이 경우 「건축법」 제50조 (대지안의 공지), 제53조 (일조확보를 위한 높이제한) 규정과 「민법」 제242조 (이웃대지경계로부터 50센티미터 띄어 건축하도록 한 규정)의 규정을 적용하지 아니한다. 이때 맞벽은 주요구조부가 내화구조이고 마감재료가 불연재료이어야 한다.

✓ 맞벽건축은 외벽이 대지경계선으로부터 50cm이내인 경우를 말한다.

✓ 맞벽건축은 일조권, 조망권 등의 침해를 유발하므로 맞벽건축이 가능한 지역등을 따로 규정하여 허용하고 있다.

2) 연결복도와 통로

인접한 건축물 사이를 잇는 연결복도(통로)가 현행법에서는 가능하도록 되어 있다. 건축물의 소유주는 같아도 되고 달라도 된다. 소유가 다를 경우 쌍방간 동의만 하면 설치가 가능하다. 하나의 대지 안에 여러 동이 있는 경우도 가능하고, 대지경계선을 사이에 둔 양쪽의 건축물을 연결할 수도 있다. 도로점용허가를 받은 경우에는 도로를 사이에 둔 건축물 간에 설치하는 연결복도도 가능하다.

연결복도 및 통로의 설치기준은 아래와 같다. 연결복도 또는 연결통로는 건축사 또는 구조기술자의 안전확인을 받아야 한다.

문) 건축물과의 연결복도 또는 연결통로를 설치하는 경우 그 기준으로 틀린 것은?

㉮ 주요구조부가 내화구조일 것
㉯ 마감재료가 불연재료일 것
㉰ 밀폐된 구조인 경우 벽면적의 1/10 이상에 해당하는 면적의 창문을 설치할 것
㉱ 너비가 2.5m 이상, 높이가 3m 이하일 것

해답 ㉱

표 7-9 연결복도 및 통로의 설치기준

주요구조부	내화구조일 것
마감재료	불연재료일 것
밀폐된 구조인 경우	벽면적의 1/10 이상되는 창문을 설치할 것. 다만, 지하층으로서 환기설비를 설치하는 경우에는 예외
너비와 높이	각각 5m 이하일 것
건축물과 복도 또는 통로의 연결부분	방화셔터 또는 방화문을 설치할 것
연결복도가 설치된 대지면적의 합계	「국토의 계획 및 이용에 관한 법률 시행령」에 따른 개발행위의 최대 규모 이하일 것. 다만, 지구단위계획구역에서는 그러하지 아니하다.

6. 건축물의 높이 제한

건축물의 높이 제한은 도로변에 건축하는 건축물이나 주거전용지역안에 건축하는 건축물 또는 동일 대지안에 건축하는 아파트 등의 상호간에 있어서 일정한도 이상의 공간을 확보하여 도시내에서의 폐쇄감을 방지하고 일조 · 채광 · 통풍 등에 지장이 없는 위생적인환경을 조성하기 위한 규정이다.

건축법에서 건축물의 높이에 관한 제한은 다음 4가지 방법에 의하게 된다.

1) 가로구역 단위의 건축물의 최고높이

✓ 가로구역((街路區域) : 도로로 둘러싸인 일단(一團)의 지역을 말한다.

허가권자는 가로구역을 단위로 하여 건축물의 최고높이를 지정 · 공고할 수 있다. 다만, 특별자치도지사 또는 시장 · 군수 · 구청장은 가로구역의 최고높이를 완화하여 적용할 필요가 있다고 판단되는 대지에 대하여는 건축위원회의 심의를 거쳐 최고높이를 완화하여 적용할 수 있다.

가로구역 안에서도 건축물의 최고높이를 지정할 때의 고려사

표 7-10 건축물의 높이 제한의 경우 요약

종 류	제한의 주목적	적용지역 · 용도 및 구조
가로구역 단위의 건축물의 최고 높이	도시 간선시설 · 도시 스카이라인 등을 감안하여 구역별로 건축물의 최고 높이를 지정	조례에서 정하는 지역 · 지구 및 구역
전면 도로에 의한 건축물의 높이 제한(사선제한)	도로상의 일조 · 채광 · 통풍의 장애 및 도로에서의 시야차단 방지	최고 높이가 정하여지지 아니한 가로구역
일조 등의 확보를 위한 높이 제한	일조 · 채광 · 통풍 및 개방감 확보	전용주거지역 · 일반주거지역 및 공동주택
건축물의 구조에 의한 높이 제한	목조나 조적조의 구조높이를 제한하여 재난방지를 위함	목조 · 조적조

항은 다음과 같으며, 최고높이를 정하면 해당 주민들에게 15일 이상 공람기간을 주고 지방건축위원회심의에서 이를 결정한다.

(1) 도시 · 군관리계획 등의 토지이용계획

(2) 해당 가로구역이 접하는 도로의 너비

(3) 해당 가로구역의 상 · 하수도 등 간선시설의 수용능력

(4) 도시미관 및 경관계획

(5) 당해 도시의 장래 발전계획

문) 허가권자가 가로구역을 단위로 하여 건축물의 최고높이를 지정할 경우 고려하지 않아도 되는 사항은?

㉮ 도시계획에 의한 토지이용계획
㉯ 당해 가로구역이 접하는 대지의 너비
㉰ 도시미관 및 경관계획
㉱ 당해 가로구역의 상수도 수용 능력

해답 ㉯

2) 가로구역별 건축물의 최고높이가 지정되지 아니한 경우 (전면도로에 의한 높이 제한)

최고높이가 정하여지지 아니한 가로구역의 경우 건축물의 각 부분의 높이는 그 부분으로부터 전면(前面)도로의 반대쪽 경계선까지의 수평거리의 1.5배를 넘을 수 없다. 다만, 다음 어느 하나에 해당되는 경우에는 건축물의 높이를 해당 지방자치단체의 조례로 따로 정할 수 있다.

(1) 대지가 둘 이상의 도로에 접한 경우

(2) 대지에 접한 도로의 반대쪽에 공원, 광장, 하천 등이 있는 경우

(3) 건축협정의 인가를 받은 대지의 경우

(4) 대지가 막다른 도로의 끝부분에 접한 경우

✓ 일조권이란 햇빛을 향유할 수 있는 권리로서 근래 들어 더욱 중요시 되고 있다.

3) 일조 등의 확보를 위한 건축물의 높이 제한

✓ 건축법에서는 일조권 보상을 위해 인접대지경계선에서 정북방향으로의 이격거리 인접대지경계선 규정을 둔다.

(1) 전용주거지역 · 일반주거지역안에서 일조 등의 확보를 위한 높이 제한

전용주거지역과 일반주거지역 안에서 건축하는 건축물(공동주택 포함)의 높이는 일조 등의 확보를 위하여 정북방향의 인접대지경계선으로부터의 건축조례가 정하는 거리 이상을 띄어 건축해야한다.

① 높이 9미터 이하인 부분은 1.5미터 이상을 인접대지경계선으로 부터 띄워야 한다.

② 높이 9미터를 초과하는 부분은 당해 건축물의 각 부분의

높이의 2분의 1 이상을 인접대지경계선으로 부터 띄워야 한다. 단, 전용주거지역이나 일반주거지역에서 다음에 해당되는 경우에는 앞의 원칙을 적용하지 아니한다.

㉠ 지구단위계획구역
㉡ 특별가로구역(법 제77조 제2항)
㉢ 너비 20미터 이상의 도로에 접한 대지 상호간에 건축하는 건축물
㉣ 건축협정구역 안에서 대지 상호간에 건축하는 건축물
㉤ 건축물의 정북방향의 인접대지가 전용주거지역이나 일반주거지역이 아닌 용도지역에 해당하는 경우

문) 일반주거지역에 건축하는 높이 7m의 건축물이 정북방향으로 인접대지경계선으로부터 떨어져야하는 최소 수평거리는?

㉮ 0.5m
㉯ 1.0m
㉰ 1.5m
㉱ 2.0m

해답 ㉰

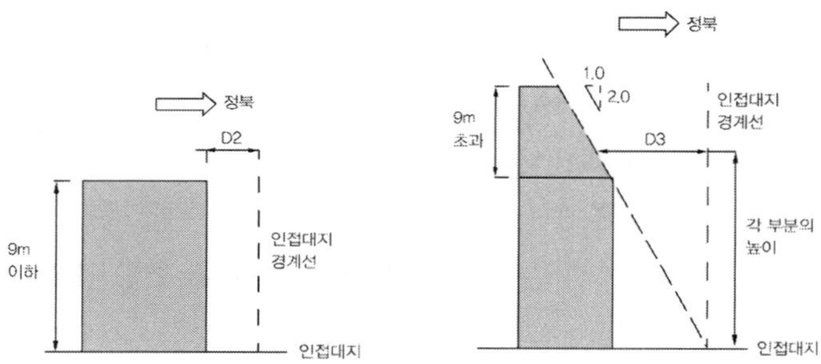

그림 7-1 주거지역 안에서의 일조 등의 확보를 위한 높이제한

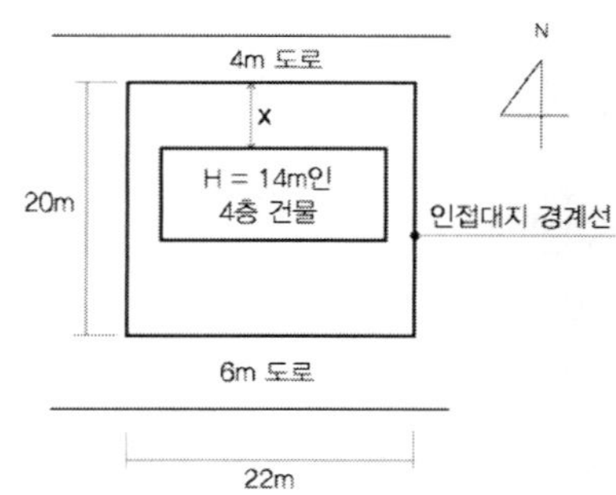

문) 일반주거지역에서 다음 그림과 같은 건축물을 건축할 경우 X의 거리는?

㉮ 3m
㉯ 4m
㉰ 7m
㉱ 5m

해답 ㉮

<참조>

인접대지경계선에 대한 산정방법(영 제86조 제5항)
건축물을 건축하고자 하는 대지와 다른 대지 사이에 공원(도시공원 중 지방건축위원회의 심의를 거쳐 허가권자가 공원의 일조 등을 확보할 필요가 있다고 인정하는 공원은 공원경계선을 대지경계선으로 보아 일조거리를 확보), 도로, 철도, 하천, 광장, 공공공지, 녹지, 유수지, 자동차전용도로, 유원지 기타 건축이 허용되지 아니하는 공지가 있는 경우에는 일반건축물은 건축이 금지된 공지 건너편을 기준으로 하고, 공동주택은 건축이 금지된 공지의 중심선을 기준으로 한다.

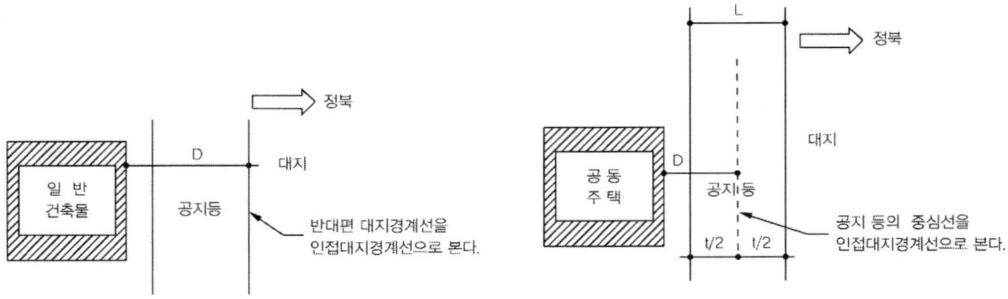

그림 7-2 인접대지경계선의 산정

(2) 공동주택의 일조 등의 확보를 위한 채광방향 높이 제한

인접대지경계선 등의 방향으로 채광을 위한 창문 등을 두는 경우이거나 하나의 대지에 두 동(棟) 이상을 건축하는 경우에 해당하는 공동주택(일반상업지역과 중심상업지역에 건축하는 것은 제외한다)은 채광(採光)등의 확보를 위하여 다음 ①~③이 규정에 적합하게 건축하여야 한다.

① 인접대지경계선 등의 방향으로 채광을 위한 창문 등을 두는 경우

건축물(기숙사를 제외)의 각 부분의 높이는 그 부분으로부터 채광을 위한 창문 등이 있는 벽면에서 직각방향으로 인접대지경계선까지의 수평거리의 2배(근린상업지역 또는 준주거지역안의 건축물은 4배) 이하로 하여야 한다. 다만, 채광을 위한 창문 등이 있는 벽면에서 직각방향으로 인접대지경계선까지의 수평거리가 1미터 이상으로서 건축조례가 정하는 거리 이상인 다세대주택인 경우 앞의 규정을 적용하지 아니한다.

사진 7-1 공동주택의 채광창

공동주택의 경우 건축물을 건축하고자 하는 대지와 다른 대지 사이에 공원 · 도로 · 철도 · 하천 · 광장 · 공공공지 · 녹지 · 유수지 · 자동차전용도로 · 유원지 기타 건축이 허용되지 아니하는 공지가 있을 경우에는 인접대지경계선과 그 반대편의 대지경계선과의 중심선을 인접대지경계선으로 본다.

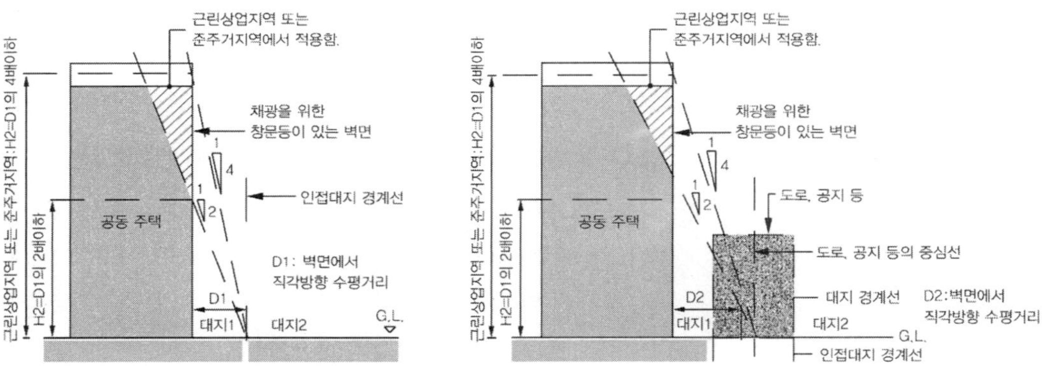

그림 7-3 공동주택의 일조 등의 확보를 위한 채광방향 높이 제한

② 하나의 대지에 두 동 이상을 건축하는 경우

같은 대지에서 두 동 이상의 건축물이 서로 마주보고 있는 경우(한 동의 건축물의 각 부분이 서로 마주보고 있는 경우를 포함)의 건축물 각 부분사이의 거리는 다음의 거리 이상을 띄어 건축하여야 한다.

㉠ 채광을 위한 창문 등이 있는 벽면으로부터 직각방향으로 건축물 각 부분의 높이의 0.5배(도시형 생활주택의 경우에는 0.25배) 이상의 범위에서 건축조례로 정하는 거리 이상

사진 7-2 인동간격

㉡ 위 ㉠의 규정에 불구하고 서로 마주보는 건축물 중 남쪽방향의 건축물의 높이가 낮고 주된 개구부(거실과 주된 침실이 있는 부분의 개구부) 방향이 남쪽을 향하는 경우

- 높은 건축물 각 부분의 높이의 0.4배(도시형 생활주택의 경우에는 0.2배) 이상의 범위에서 건축조례로 정하는 거리 이상
- 낮은 건축물 각 부분의 높이의 0.5배(도시형 생활주택의 경우에는 0.25배) 이상의 범위에서 건축조례로 정하는 거리 이상

㉢ ㉠에도 불구하고 건축물과 부대시설 또는 복리시설이 서로 마주보고 있는 경우에 부대시설 또는 복

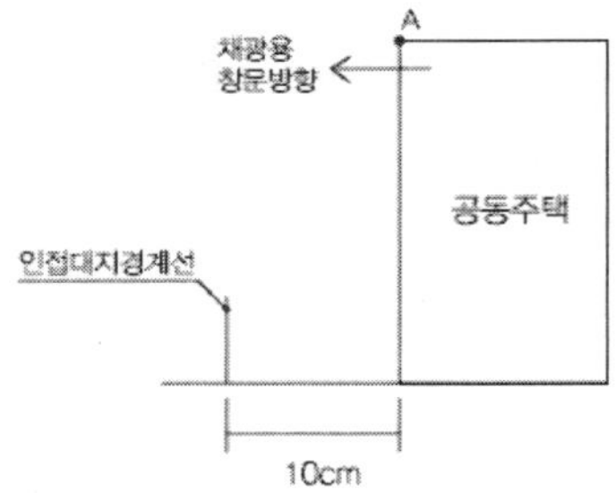

문) 준주거지역안에서 그림과 같은 공동주택을 건축할 경우, A점의 높이 한도로 맞는 것은?

㉮ 25.5m
㉯ 30.0m
㉰ 35.5m
㉱ 40.0m

해답 ㉱

리시설 각 부분 높이의 1배 이상

㉣ 채광창이 없는 벽면과 측벽과 마주보는 경우에 8미터 이상

㉤ 측벽과 측벽이 마주보는 경우에 4미터 이상

✓ 채광창 : 창넓이 0.5m² 이상의 창을 말한다

다만, 앞의 원칙의 규정을 적용함에 있어 그 대지의 모든 세대가 동지(冬至)를 기준으로 9시에서 15시 사이에 2시간 이상을 계속하여 일조를 확보할 수 있는 거리 이상으로 할 수 있다.

✓ 측벽과 측벽이 마주보는 경우 : 마주보는 측벽 중 1개의 측벽에 한하여 채광을 위한 창문 등이 설치되어 있지 아니한 바닥면적 3m² 이하의 발코니를 설치하는 경우를 포함한다.

사진 7-3 측벽과 측벽 사이

③ 주택단지에 두 동 이상의 건축물이 도로를 사이에 두고 서로 마주보고 있는 경우

앞의 ②의 ㉠ 및 ㉡의 규정을 적용하지 아니하되, 해당 도로의 중심선을 인접대지경계선으로 보아 앞의 ①의 규정을 적용한다.

문) 공동주택의 채광창이 없는 벽면과 측벽이 마주보는 경우 이격거리는?

㉮ 4m 이상
㉯ 6m 이상
㉰ 10m 이상
㉱ 8m 이상

해답 ㉱

(3) 정남방향으로 일조기준을 적용하는 경우

아래에서 정하는 구역에서는 정북방향으로는 50센티미터만 떨어지고 정남방향으로 일조를 확보해야 하는데, 그 거리는 주민협의를 거쳐 허가권자가 정하여 고시하도록 되어 있다.

① 택지개발 예정지구

② 대지조성사업지구

③ 광역개발권역 및 개발촉진지구

④ 국가산업단지 · 일반산업단지 · 도시첨단산업단지 및 농공단지

⑤ 도시개발구역

⑥ 정비구역

⑦ 정북방향으로 도로 · 공원 · 하천 등 건축이 금지된 공지에 접하는 대지인 경우

⑧ 정북방향으로 접하고 있는 대지의 소유자와 합의한 경우

⑨ 그 밖에 대통령령으로 정하는 경우

(4) 2층 이하로서 8미터 이하인 건축물에 대한 특례

2층 이하로서 높이가 8미터 이하인 건축물에 대하여는 당해 지방자치단체의 조례로 정하는 바에 따라 법 제61조 (일조 등의 확보를 위한 건축물의 높이 재한) 규정을 적용하지 아니할 수 있다.

08 건축물의 대지와 도로

1. 대지의 안전

도로보다 낮은 대지는 여러 가지가 불편하고 불리하다. 가장 불편한 것은 물처리다. 도로의 빗물이 대지로 유입되고, 하수처리도 쉽지 않다. 접근하는 것도 불편하고 도로 위에서 내려다봄으로 인한 프라이버시 침해도 문제가 된다.

1) 대지의 안전에 필요한 조치 사항

(1) 대지는 인접한 도로면보다 낮아서는 아니 된다. 다만, 대지의 배수에 지장이 없거나 건축물의 용도상 방습(防濕)의 필요가 없는 경우에는 인접한 도로면보다 낮아도 된다.

(2) 습한 토지, 물이 나올 우려가 많은 토지, 쓰레기, 그 밖에 이와 유사한 것으로 매립된 토지에 건축물을 건축하는 경우에는 성토(盛土), 지반 개량 등 필요한 조치를 하여야 한다.

(3) 대지에는 빗물과 오수를 배출하거나 처리하기 위하여 필요한 하수관 · 하수구 · 저수탱크 등의 시설을 하여야 한다.

2) 옹벽의 설치

✓ 성토 및 절토부분의 경사도

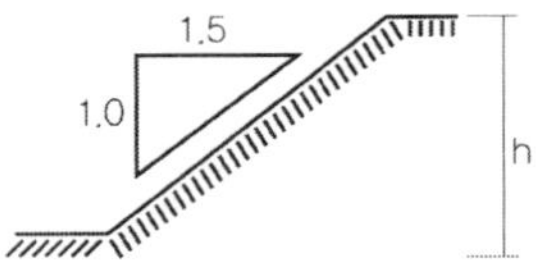

손궤(損潰:무너져 내림)의 우려가 있는 토지에 대지를 조성하려면 다음과 같이 옹벽을 설치하거나 그 밖에 필요한 조치를 하여야 한다.

(1) 성토 또는 절토하는 부분의 경사도가 1:1.5 이상으로서 높이 1미터 이상인 부분에는 옹벽을 설치하도록 한다.

(2) 옹벽의 높이가 2미터 이상인 경우에는 이를 콘크리트 구조로 하여야 한다. 다만, 「건축법 시행규칙」[별표6]의 옹벽의 기술적 기준에 적합한 석축은 예외이다.

(3) 옹벽의 외벽면은 옹벽을 지지하거나 배수를 위한 시설 외의 구조물이 밖으로 돌출되지 아니하도록 하여야 한다.

사진 8-1 석축 옹벽

사진 8-2 콘크리트 옹벽

<참조>

옹벽에 관한 기술적 기준(규칙 제 25조 관련 별표6 참조)

① 석축인 옹벽의 경사도는 그 높이에 따라 다음 표에 정하는 기준 이하일 것

표 8-1 석축 옹벽의 높이와 경사도

높이 / 구분	1.5미터 까지	3미터 까지	5미터 까지
메쌓기	1: 0.30	1: 0.35	1: 0.40
찰쌓기	1: 0.25	1: 0.30	1: 0.35

② 석축인 옹벽의 석축용 돌의 뒷길이 및 뒷채움 돌의 두께는 그 높이에 따라 다음 표에 정하는 기준 이상일 것

표 8-2 석축용 돌의 뒷길이 및 뒷채움 돌의 두께

구분 / 높이		1.5m 까지	3.0m 까지	5.0m 까지
석축용 돌의 길이(cm)		30	40	50
뒤채움 돌의 두께(cm)	상부	30	30	30
	하부	40	50	50

③ 석축인 옹벽의 윗 가장자리로부터 건축물의 외벽면까지 띄어야 하는 거리는 다음 표에 정하는 기준 이상일 것. 다만, 건축물의 기초가 석축의 기초 이하에 있는 경우에는 그러하지 아니하다.

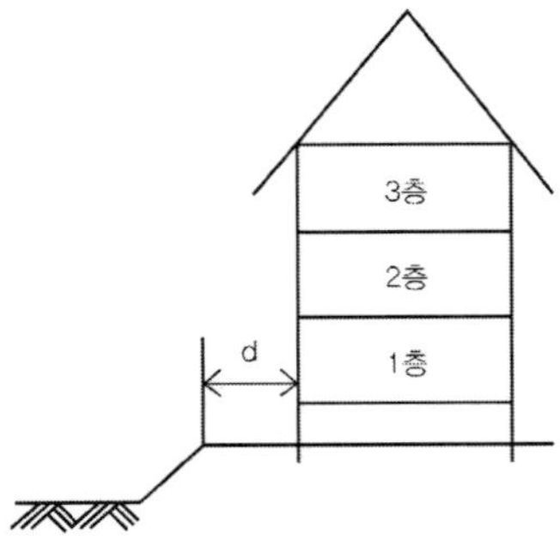

문) 그림과 같이 석축으로 조성된 대지안에 건축물을 건축하고자 할 때에 건축물에서 석축 연단까지의 최소거리(d)는 얼마인가?

㉮ 1.5m
㉯ 2.0m
㉰ 2.5m
㉱ 3.0m

해답 ㉱

문) 석축 또는 콘크리트 옹벽에는 배수구를 설치해야 하는데 다음 중 옳은 것은?

㉮ 1.0㎡당 1개소 이상
㉯ 2.0㎡당 1개소 이상
㉰ 3.0㎡당 1개소 이상
㉱ 4.0㎡당 1개소 이상

해답 ㉰

표 8-3 옹벽과 건축물까지 띄어야 하는 거리

건축물의 층수	1층	2층	3층 이상
띄우는 거리(m)	1.5	2.0	3.0

④ 옹벽의 윗 가장자리로부터 안쪽으로 2미터 이내에 묻은 배수관은 주철관, 강관 또는 흄관으로 하고 이음부분은 물이 새지 않도록 할 것
⑤ 옹벽에는 3제곱미터 마다 하나 이상의 배수구멍을 설치하여야 하고, 옹벽의 윗가장자리로부터 2미터 이내에서의 지표수는 지상으로 또는 배수관으로 배수하여 옹벽의 구조상 지장이 없도록 할 것
⑥ 성토부분의 높이제한 대지에 안전 등에 지장이 없는 한 인접대지의 지표면보다 0.5미터 이상 높지 않게 할 것. 다만, 절토에 의하여 조성된 대지 등 시장 · 군수 · 구청장이 지형조건상 부득이하다고 인정하는 경우에는 그러하지 아니하다.

2. 토지 굴착 부분에 대한 조치

1) 토지의 굴착

공사시공자는 대지를 조성하거나 건축공사를 하기 위하여 토지를 굴착 · 절토 · 매립 또는 성토 등을 하는 경우 그 변경 부분에는 국토교통부령으로 정하는 바에 따라 공사 중 비탈면 붕괴, 토사 유출 등 위험 발생의 방지, 환경 보존, 그 밖에 필요한 조치를 한 후 해당 공사현장에 그 사실을 게시하여야 한다.

시장 · 군수 · 구청장은 위의 규정을 위반한 자에게 그 의무이행에 필요한 조치를 명할 수 있다.

2) 토지 굴착시 위험발생 조치

대지를 조성하거나 건축공사에 수반하는 토지를 굴착하는 경우에는 다음에 의한 위험발생 방지조치를 하여야 한다.

(1) 지하에 묻은 수도관 · 하수도관 · 가스관 또는 케이블 등이 토지굴착으로 인하여 파손되지 않도록 할 것

(2) 건축물 및 공작물에 근접하여 토지에 굴착하는 경우에는 지반의 구조내력의 약화를 방지하고 급격한 배수를 피하는 등 토지의 붕괴에 의한 위해를 방지할 것

(3) 토지를 깊이 1.5미터 이상 굴착하는 경우에는 그 경사도가 다음 표에 의한 비율 이하이거나 토압에 대하여 안전한 구조의 흙막이를 설치할 것. 단, 주변상황에 비추어 위해방지에 지장이 없다고 인정하는 경우는 제외

표 8-4 토지를 깊이 1.5m 이상 굴착 시 토질에 따른 경사도

토 질	경사도
경암	1: 0.5
연암	1: 1.0
모래	1: 1.8
모래찰흙, 시력찰흙, 암괴 또는 호박돌이 섞인 모래질흙 점토, 점성토	1: 1.2
암괴 또는 호박돌이 섞인 점성토	1: 1.5

(4) 굴착공사 및 흙막이공사의 시공 중에는 흙막이의 보강, 적절한 배수조치 등 안정상태를 유지하도록 하고, 흙막이판을 제거하는 경우에는 주변지반의 내려앉음을 방지하도록 할 것

3) 환경보전을 위한 조치

성토부분, 절토부분 또는 되메우기를 하지 않는 굴착부분의 비탈면으로서 옹벽을 설치하지 않는 부분에 대하여는 다음과 같은 환경보전을 위한 조치를 해야 한다.

(1) 배수를 위한 수로는 돌 또는 콘크리트를 사용하여 토양의 유실을 방지할 수 있도록 할 것

(2) 높이가 3미터를 넘는 경우에는 높이 3미터 이내마다 비탈면적의 5분의 1 이상에 해당하는 면적의 단을 만들 것. 단, 시장 등이 비탈면의 토질, 경사도 등을 고려하여 붕괴의 우려가 없다고 인정하는 경우는 제외

(3) 비탈면에는 토양이 유실방지와 미관유지를 위해 나무 또는 잔디를 삼을 것. 단, 나무 또는 잔디를 심는 것으로서 비탈면의 안전을 유지할 수 없는 경우는 돌붙이기를 하거나 콘크리트 블록격자 등의 구조물을 설치할 것

3. 대지의 조경

1) 조경대상 및 기준

(1) 조경대상

면적이 200제곱미터 이상인 대지에 건축을 하는 건축주는 용도지역 및 건축물의 규모에 따라 해당 지방자치단체의 조례로 정하는 기준에 따라 대지에 조경이나 그 밖에 필요한 조치를 하여야 한다. 다만, 아래와 같은 경우에는 조경이 필요하지 아니한 건축물로서 조경 등의 조치를 하지 아니할 수 있다.

① 녹지지역에 건축하는 건축물
② 면적 5천 제곱미터 미만인 대지에 건축하는 공장
③ 연면적 합계가 1천 500제곱미터 미만인 공장
④ 산업단지의 공장
⑤ 대지에 염분이 함유된 것
⑥ 축사
⑦ 건축법에 따른 가설건축물
⑧ 연면적의 합계가 1천 500제곱미터 미만인 대지에 건축하는 물류시설(주거지역과 상업지역 제외)
⑨ 자연환경보전지역 · 농림지역 또는 관리지역(지구단위계획구역으로 지정된 지역은 제외) 안의 건축물
⑩ 다음 어느 하나에 해당되는 건축물 중 건축조례로 정하는 건축물
㉠ 관광지 또는 관광단지에 설치하는 관광시설
㉡ 전문휴양업의 시설 또는 종합휴양업의 시설
㉢ 관광 · 휴양업 지구단위 계획구역에 설치하는 관광사업
㉣ 골프장

문) 면적이 200㎡이상이 되는 대지 안에 식수 등 조경시설 설치에 관한 기준에서 설치의무 대상이 되는 것은?

㉮ 자연녹지지역 안에 건축하는 연면적 200㎡의 주택
㉯ 면적 5,000㎡인 대지에 건축하는 공장
㉰ 연면적의 합계가 1,000㎡인 물류시설
㉱ 대지에 염분이 함유되어 있는 경우

해답 ㉯

(2) 조경기준의 완화

다음 아래에 해당되는 건축물에 대하여는 앞의 원칙에도 불구하고 조경기준을 완화하여 적용할 수 있다. 다만, 건축조례에서 다음의 기준보다 더 완화된 기준을 정한 경우에는 그 기준에 의한다.

표 8-5 조경의 완화 기준

구 분	완 화 기 준	
공장(제외: 조경대상 예외 공장) 및 물류시설 (제외: 조경제외 대상물류시설 및 주거시설, 상업지역에 건축하는 물류시설)	연면적 합계 2000m² 이상인 경우	대지면적의 10% 이상
	연면적 합계 1500m² 이상 2000m² 미만인 경우	대지면적 5% 이상
「항공법」에 의한 공항시설	대지면적의 10% 이상(활주로 유도로 계류장 착륙대 등이 착륙에 이용하는 면적은 대지면적에서 제외)	
「철도건설법」에 의한 역사시설	대지면적 10% 이상 (선로 승강장 등 철도운행에 이용되는 시설의 면적은 제외)	
기타 면적 200m² 이상 300m² 미만인 대지에 건축하는 건축물	대지면적의 10% 이상	

문) 조경을 의무적으로 조성하여야 하는 면적이 400㎡인 건축물의 옥상에 법으로 인정받을 수 있는 최대한도의 조경을 설치하고자 한다. 이 면적은?

㉮ 150㎡
㉯ 200㎡
㉰ 225㎡
㉱ 300㎡

해답 ㉰

2) 옥상조경의 기준

건축물의 옥상에 조경이나 그 밖에 필요한 조치를 하는 경우에는 옥상부분 조경면적의 3분의 2에 해당하는 면적을 조경면적으로 산정할 수 있다. 이 경우 조경면적으로 산정하는 면적은 조경면적의 100분의 50을 초과할 수 없다.

4. 공개 공지의 확보

1) 대상지역

일반주거지역, 준주거지역, 상업지역, 준공업지역의 어느 하나에 해당하는 지역에 특별자치시장 · 특별자치도지사 또는 시장 · 군수 · 구청장이 도시화의 가능성이 크다고 인정하여 지역의 환경을 쾌적하게 조성하기 위하여 2)의 용도와 규모의 건축물은 일반이 사용할 수 있도록 소규모 휴식시설 등의 공개 공지(空地 : 공터) 또는 공개 공간을 설치하여야 한다.

2) 대상용도 및 규모

공개 공지 또는 공개 공간을 설치하여야 하는 용도의 시설 및 규모는 다음과 같다.

(1) 연면적의 합계가 5천 제곱미터 이상인 문화 및 집회시설, 종교시설, 판매시설(농수산물유통시설은 제외), 운수시설(여객용 시설만 해당된다), 업무시설 및 숙박시설

(2) 그 밖에 다중이 이용하는 시설로서 건축조례로 정하는 건축물

3) 면적

공개 공지 또는 공개 공간의 면적은 대지면적 100분의 10 이하의 범위에서 건축조례로 정한다. 이 경우 「건축법」에 따른 조경면적과 「매장문화재 보호 및 조사에 관한 법률 시행령」에 따른 매장문화재의 원형 보존 조치 면적을 공개 공지 등의 면적으로 할 수 있다.

4) 설치시설

긴 의자 또는 파고라 등 공중이 이용할 수 있는 시설로서 건축조례로 정한다. 이 경우 공개 공지는 피로티 구조로 설치할 수 있다. 공개 공지 등에는 물건을 쌓아놓거나 출입을 차단하는 시설을 설치하지 아니하여야 한다.

5) 완화적용

다음의 범위에서 대지면적에 대한 공개 공지 등 면적 비율에 따라 완화 적용한다.

(1) 건축물의 용적률은 해당 용적률의 1.2배 이하로 완화적용 할 수 있다.

(2) 건축물의 높이제한은 해당 높이기준의 1.2배 이하로 완화적용 할 수 있다.

6) 적용대상 건축물외의 건축물 공개공지 확보 시 완화적용

바닥면적의 합계가 5천 제곱미터 이상인 건축물로서 공개 공지 등의 설치대상 건축물이 아니더라도 법의 규정에 적법하게 공개 공지를 설치하는 경우에는 앞의 5)의 완화규정을 적용할 수 있다.

7) 연간 60일 이내의 문화행사 등

공개 공지 등에는 연간 60일 이내의 기간동안 건축조례로 정하는 바에 따라 주민들을 위한 문화행사를 열거나 판촉활동을 할 수 있다. 다만, 공중이 해당 공개 공지 등을 이용하는데 지장을 주는 행위를 해서는 아니된다.

5. 대지와 도로의 관계

1) 건축물의 대지가 도로에 접해야 하는 길이

건축물의 대지는 2미터 이상이 도로(자동차만의 통행에 사용되는 도로는 제외한다)에 접하여야 한다. 단, 다음에 해당되는 경우에는 그러하지 아니하다.

✓ 맹지(盲地) : 도로에 접하지 않은 대지를 맹지라하고 건축이 불가능하다.

(1) 해당 건축물의 출입에 지장이 없다고 인정되는 경우

(2) 건축물의 주변에 광장 · 공원 · 유원지 그 밖에 관계법령에 따라 건축이 금지되고 공중의 통행에 지장이 없는 공지로서 허가권자가 인정한 것

사진 8-3 건축물의 대지가 도로에 접해야 하는 길이

2) 건축물의 대지조건

건축물의 대지가 접하는 도로의 너비, 대지가 도로에 접하는 부분의 길이, 그 밖에 대지와 도로의 관계에 있어서 연면적의 합계가 2천 제곱미터 (공장인 경우에는 3천 제곱미터) 이상인 건축물의 대지는 너비 6미터 이상의 도로에 4미터 이상 접해야 한다.

6. 도로의 지정 · 폐지 또는 변경

1) 도로의 지정

허가권자는 도로의 위치를 지정 · 공고하려면 당해 도로에 대한 이해관계를 가진 자의 동의를 받아야 한다. 다만, 다음 어느 하나에 해당하면 이해관계인의 동의를 생략할 수 있다.

(1) 이해관계인이 해외에 거주하는 등 이해관계인의 동의를 받기가 곤란하다고 인정하는 경우

(2) 주민이 장기간 통행로로 이용하고 있는 사실상의 도로로서 해당 지방자치단체의 조례로 정하는 것인 경우

2) 도로의 폐지 또는 변경

(1) 허가권자는 지정한 도로를 폐지하거나 변경하려면 그 도로에 대한 이해관계인의 동의를 받아야 한다.

(2) 해당 도로에 편입된 토지의 소유자, 건축주 등의 허가권자에게 지정된 도로의 폐지 또는 변경을 신청하는 경우에도 이해관계인의 동의를 얻어야 한다.

(3) 도로를 지정 또는 변경한 경우에는 허가권자는 도로관리대장에 이를 기재하고 관리하여야한다.

7. 건축선의 지정

1) 정의

건축선은 도로와 접한 부분에 건축물을 건축할 수 있는 선을 말하며 대지와 도로의 경계선으로 한다.

문) 다음 건축선에 관한 기술 중 틀린 것은?

㉮ 도로와 접한 부분에 있어서 건축물을 건축할 수 있는 선
㉯ 대지와 도로의 경계선
㉰ 소요너비이상인 도로의 양쪽에 대지가 있는 경우 도로중심선에서 소요너비의 1/2의 수평거리를 후퇴한 선
㉱ 사람들이 시가지안의 환경을 정비하기 위하여 필요하다고 인정하여 지정한 선

해답 ㉰

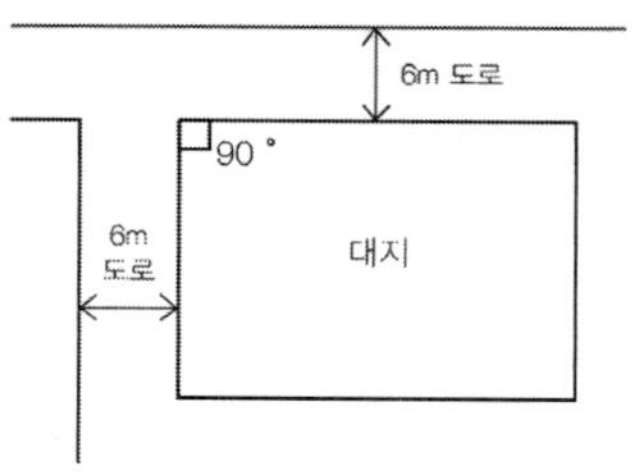

문) 그림과 같은 대지조건에서 도로 모퉁이에서의 건축선에 의한 공제면적은?

㉮ 2.5㎡
㉯ 4.0㎡
㉰ 4.5㎡
㉱ 공제면적 없음

해답 ㉰

2) 소요너비(4미터)에 미달되는 도로의 건축선

도로 양쪽에 대지가 있을 때, 도로의 중심선으로부터 그 소요너비의 2분의 1의 수평거리만큼 물러난 선을 건축선으로 한다. 다만, 그 도로의 반대쪽에 경사지, 하천, 철도, 선로부지, 그 밖에 이와 유사한 것이 있는 경우에는 그 경사지 등이 있는 쪽의 도로경계선에서 소요너비에 해당하는 수평거리를 후퇴한 선을 건축선으로 한다.

3) 도로 모퉁이에서의 건축선

너비 8미터 미만인 도로의 모퉁이에 위치한 대지의 모퉁이 부분의 건축선을 정하여 가각전제(街角剪除)를 하는 취지는 도로 모퉁이 부분에 있어서의 자동차의 통행을 용이하게 하고 통행인의 시야를 확보하기 위하여 그 대지에 접한 도로경계선의 교차점으로부터 도로경계선에 따라 표 6-1(교차도로의 너비 및 가각전제)에 의한 거리를 각각 후퇴한 2점을 연결한 선으로 한다.

4) 건축선의 별도 지정

특별자치시장 · 특별자치도지사 또는 시장 · 군수 · 구청장은 시가지 안에서 건축물의 위치나 환경을 정비하기 위하여 필요하다고 인정하면 4미터 이하(도시지역)의 범위에서 건축선을 따로 지정할 수 있다.

특별자치도지사 또는 시장 · 군수 · 구청장은 앞의 규정에 의하여 건축선을 지정하고자 하는 때에는 미리 그 내용을 지방자치단체의 공고 일간신문 또는 인터넷 홈페이지 등에 30일 이상

공고하여야 하며, 공고내용에 대하여 의견이 있는지는 공고기간내에 의견을 제출(전자문서 포함)할 수 있다.

5) 건축선에 대한 건축제한 기준

건축물과 담장은 건축선의 수직면(垂直面)을 넘어서는 아니된다. 다만, 지표(地表)아래 부분은 그러하지 아니하다.

도로면으로부터 높이 4.5미터 이하에 있는 출입구, 창문, 그 밖에 이와 유사한 구조물은 열고 닫을 때 건축선의 수직면을 넘지 아니하는 구조로 하여야 한다.

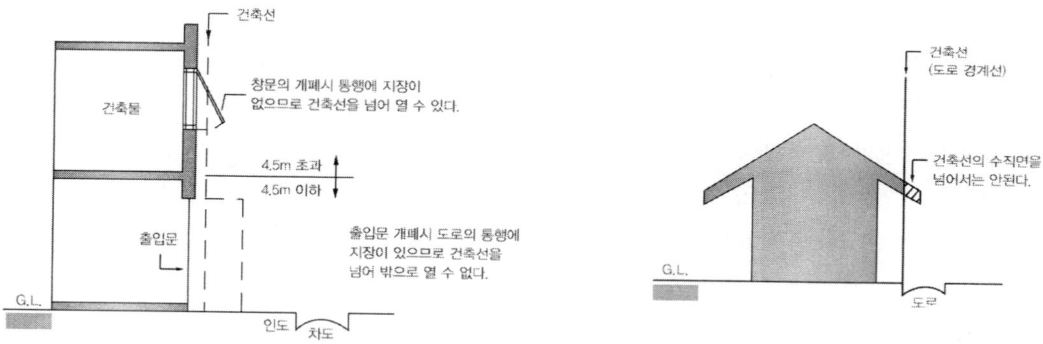

그림 8-1 건축선에 의한 건축제한 기준

《읽을 거리》

'풀뿌리 건축규제' 바로 잡는다

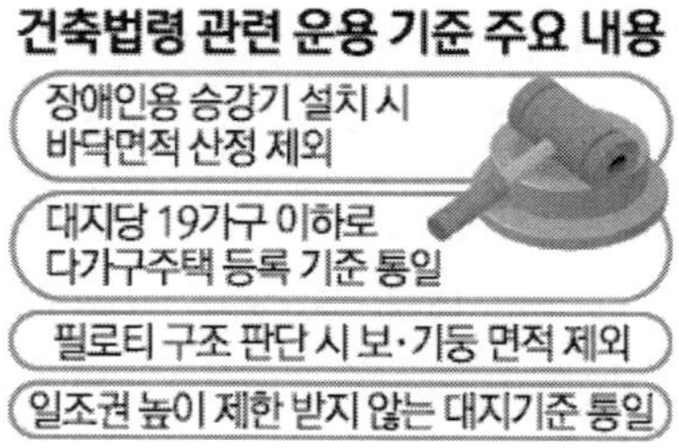

건설업체 A사는 최근 사업 진행 과정에서 '풀뿌리 규제'로 인해 어려움을 겪고 있다. A 지자체의 경우 건축물의 바닥면적을 산정할 때 장애인용 승강기 면적을 무조건 제외시키지만 B 지자체는 일반 승강기 외에 장애인용 승강기를 추가로 설치할 때만 제외하고 있다.

이 회사의 한 관계자는 "서로 다른 지침으로 인해 건물을 지을 때마다 각 지자체에 유권해석을 요청해야 한다"며 "상위법에 안 맞는 풀뿌리 건축 규제가 여전하다"고 말했다.

앞으로 지자체별로 건축법규 회신이 달라 혼선이 발생하는 문제가 개선될 예정이다.

국토교통부는 시·군별로 유권해석이 달라 잦은 민원이 발생한 건축규정에 대해 '건축법령 관련 운용지침'을 만들어 각 지자체에 내려보냈다고 22일 밝혔다.

이번 지침에 따르면 우선 건축물에 설치되는 장애인용 승강기 면적은 모두 바닥면적에서 제외하도록 했다. 건축법 시행령 제119조 1항에서는 장애인·노인·임산부 등을 위한 편의시설 면적은 바닥면적을 산정할 때 포함시키지 않도록 규정하고 있다.

하지만 이를 두고 지자체별로 장애인용 승강기 면적이 전부 제외되는 것인지, 법정 승강기 설치 대수에서 추가로 설치해야만 제외되는 것인지 해석이 갈렸다.

다가구주택의 가구 수 기준도 명확해진다. 다가구주택은 19가구 이하가 거주할 수 있는 주택을 의미한다. 하지만 가구 수가 동별 기준인지, 대지당 기준인지 혼선을 빚

어왔다. 국토부는 '대지당' 19가구 이하로 지어져야만 다가구주택으로 등록할 수 있도록 했다.

또 주택이 필로티 구조를 갖췄는지 판단할 때 보와 기둥 면적은 포함하지 않도록 했다. 필로티는 건축물의 1층에 기둥만 세운 공간이다. 다세대·연립주택 등에서는 1층을 벽 면적의 50% 이상을 개방하는 필로티 구조로 지으면 한 층을 추가로 설치할 수 있다.

하지만 50% 개방 여부를 판단할 때 보와 기둥 면적을 포함 시킬지를 두고 해석이 갈렸다. 국토부는 대부분의 필로티 구조가 2면만 개방한다는 점을 감안해 구조적 안정성을 위해 보·기둥 면적은 제외하기로 했다.

이 밖에 일조권 높이 제한을 받지 않는 대지 기준도 완화시켰다. 현재 지구단위계획구역이나 미관지구 등에 폭 20m 도로를 사이에 두고 양쪽에 건물을 짓는 경우 일조권사선제한이 적용되지 않는다. 특히 대지와 도로 사이에 녹지가 있을 때는 해당 시설도 일조권사선제한을 받지 않도록 했다. 다만 녹지에 접한 대지만 일조권사선제한을 배제할지, 도로에 접한 대지까지 배제할지를 두고 논란이 제기되자 양쪽 대지 모두 제한을 받지 않도록 규정했다.

- 출처 : 서울경제, 2015년 7월 25일 -

PATR Ⅳ

09 건축물의 구조 및 피난·방재 기준

1. 건축물의 구조

1) 구조안전의 확인

건축물은 고정하중, 적재하중(積載荷重), 풍압(風壓), 지진, 그 밖의 진동 및 충격 등에 대하여 안전한 구조를 가져야 한다.

다음 어느 하나에 해당하는 건축물을 건축하거나 대수선하는 경우 해당 건축물이 설계자는 구조기준 등에 따라 그 구조의 안전을 확인하여야 하며, 건축주는 착공신고를 하는 때에 구조안전의 확인 서류를 허가권자에게 제출하여야 한다.

✓ 건축물을 설계하는 자는 건축물의 구조가 안전하도록 설계해야 할 책임과 의무가 있으며, 허가권자는 이를 확인해야 한다

(1) 층수가 3층(대지가 연약하여 건축물의 구조안전을 확보할 필요가 있는 지역으로서 건축조례로 정하는 지역에서는 2층)이상인 건축물

(2) 연면적이 1천 제곱미터 이상인 건축물. 다만, 창고, 축사, 작물 재배사 및 표준설계도서에 따라 건축하는 건축물은 제외

(3) 높이가 13미터 이상인 건축물

(4) 처마높이가 9미터 이상인 건축물

(5) 기둥과 기둥 사이의 거리(기둥의 중심선 사이의 거리를 말하며, 기둥이 없는 경우에는 내력벽과 내력벽의 중심선 사이의 거리를 말한다)가 10미터 이상인 건축물

(6) 국토교통부령으로 정하는 지진구역의 건축물

(7) 국가적 문화유산으로 보존할 가치가 있는 박물관 · 기념관 그 밖에 이와 유사한 것으로서 연면적의 합계가 5천 제곱미터 이상인 건축물

(8) 특수구조 건축물

① 한쪽 끝은 고정되고 다른 끝은 지지되지 아니한 구조로 된 보 · 차양 등이 외벽의 중심선으로부터 3미터 이상 돌출된 건축물

② 특수한 설계 · 시공 · 공법 등이 필요한 건축물로서 국토교통부장관이 정하여 고시하는 구조로 된 건축물

문) 다음 중 구조계산에 의한 구조의 안전을 확인하지 않아도 되는 것은?

㉮ 연면적 1,000㎡의 철근콘크리트조 사무소 건축
㉯ 높이 15m의 사무소 건물
㉰ 3층 주택의 건축
㉱ 기둥과 기둥사이의 거리가 9m인 철골조 공장

해답 ㉱

2) 관계전문기술자와의 협력

(1) 건축구조기술사가 하여야 하는 구조안전 확인

다음의 건축물에 대한 구조계산은 건축구조기술사가 하여야 한다.

① 6층 이상인 건축물

② 특수구조 건축물

㉠ 한쪽 끝은 고정되고 다른 끝은 지지(支持)되지 아니한 구조로 된 보 · 차양 등이 외벽의 중심선으로부터 3미터 이상 돌출된 건축물

㉡ 기둥과 기둥 사이의 거리(기둥의 중심선 사이의 거리를 말하며, 기둥이 없는 경우에는 내력벽과 내력벽의 중심선 사이의 거리를 말한다)가 20미터 이상인 건축물

㉢ 특수한 설계 · 시공 · 공법 등이 필요한 건축물로서 국토 교통부장관이 정하여 고시하는 구조로 된 건축물

③ 다중이용 건축물

㉠ 바닥면적의 합계가 5천 제곱미터 이상인 문화 및 집회시설, 종교시설, 판매시설, 운수시설, 종합병원, 관광숙박시설 등의 용도로 쓰이는 건축물

㉡ 16층 이상인 건축

④ 지진구역에 해당하는 건축물 중 국토교통부령으로 정하는 건축물

(2) 설비분야 기술사의 협력을 요하는 공사

① 연면적 1만 제곱미터 이상인 건축물(창고시설은 제외한다) 또는 에너지를 대량으로 소비하는 건축물로서 국토교통부령으로 정하는 건축물

㉠ 전기, 승강기(전기 분야만 해당한다) 및 피뢰침 : 「국가기술자격법」에 따른 건축전기설비기술사 또는 발송배전기술사

㉡ 가스 · 급수 · 배수(配水) · 배수(排水) · 환기 · 난방 · 소화 · 배연 · 오물처리 설비 및 승강기(기계 분야만

해당한다) : 「국가기술자격법」에 따른 건축기계설비 또는 공조냉동기계기술사

(3) 토목분야 기술사의 협력을 요하는 공사

① 다음 공사를 수반하는 건축물의 설계자 및 공사감리자는 토목분야 기술사 또는 국토개발분야의 지질 및 기반기술사의 협력을 받아야 한다.

㉠ 깊이 10미터 이상의 토지굴착 공사

㉡ 높이 5미터 이상의 옹벽 등의 공사

② 협력사항

㉠ 지질조사

㉡ 토공사의 설계 및 감리

㉢ 흙막이벽 · 옹벽설치 등에 관한 위해방지 및 기타 필요한 사항

(4) 관계전문기술자의 협력을 받아야 하는 의무

설계자 및 공사감리자는 다음의 경우에는 관계전문기술자의 협력을 받아야 한다.

① 안전상 필요하다고 인정하는 경우

② 관계법령이 정하는 경우

③ 설계계약 또는 감리계약에 의하여 건축주가 요청하는 경우

(5) 건축구조기술사의 협력을 받아야 하는 의무

특수구조 건축물 및 고층건축물의 공사감리자는 감리업무 수행 중 다음의 경우에는 건축구조기술사의 협력을 받아야 한다.

① 지상 5개 층마다 상부 슬래브배근을 완료한 경우

② 철골조 구조의 건축물의 경우에는 지상 3개 층마다 또는 높이 20미터마다 주요구조부의 조립을 완료한 경우

(6) 협력한 관계전문기술자의 공사 현장 확인과 서명날인

설계자 또는 공사감리자에게 협력한 관계전문기술자는 공사 현장을 확인하고, 그가 작성한 설계도서 또는 감리중간보고서 및 감리완료보고서에 설계자 또는 공사감리자와 함께 서명날인하여야 한다.

(7) 건축구조기술사의 서명날인

건축구조기술자는 구조 안전의 확인에 관하여 설계자에게 협력한 경우 구조의 안전을 확인한 건축물의 구조도 등 구조 관련 서류에 설계자와 함께 서명날인하여야 한다.

2. 건축물의 피난시설 및 용도 제한

대통령령으로 정하는 용도 및 규모의 건축물과 그 대지에는 국토교통부령으로 정하는 바에 따라 복도, 계단, 출입구, 그 밖의 피난시설과 소화전(消火栓), 저수조(貯水槽), 그 밖의 소화설비 및 대지 안의 피난과 소화에 필요한 통로를 설치하여야 한다.

<참고>

✓ 피난층

'직접 지상으로 통하는 출입구가 있는 층'으로 지형상의 조건에 따라 하나의 건축물에도 여러 개의 피난층이 있을 수 있다. 그림 9-1에서는 1층과 4층이 피난층이 된다.

✓ 직통계단

건축물의 어떤 층에서 피난층 또는 지상까지 이르는 경로가 계단과 계단참만을 통하여 오르내릴 수 있는 직통된 계단을 말하며 그 경로가 명백하여 쉽게 피난층까지 이를 수 있는 것이다.

✓ 피난계단 · 특별피난계단

피난계단 : 직통계단에 주로 방화 및 배연시설에 대한 기준을 강화한 것으로 옥내피난계단과 옥외피난계단이 있다.
특별피난계단 : 직통계단으로서 피난계단보다 더욱 안전한 피난을 위해 부속실이나 노대(발코니)가 딸린 계단을 말한다.

✓ 보행거리

보행거리란 거실의 각 부분으로부터 피난층에 통하는 계단 중 거실로부터 가장 가까운 거리에 있는 계단까지의 길이를 말한다.

출처 : 건축제법규(2015), 기문당, 재도식

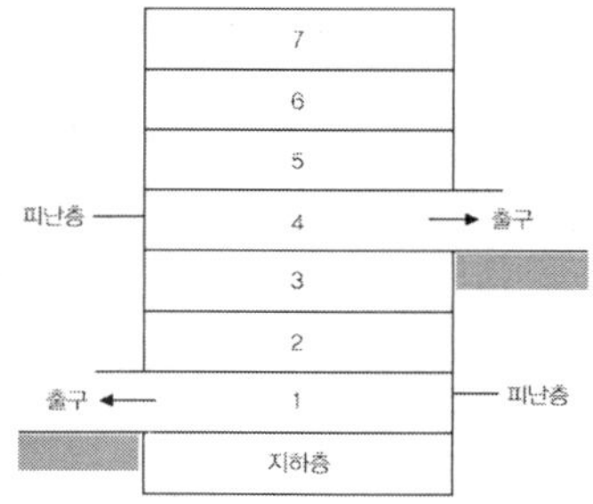

그림 9-1 피난층

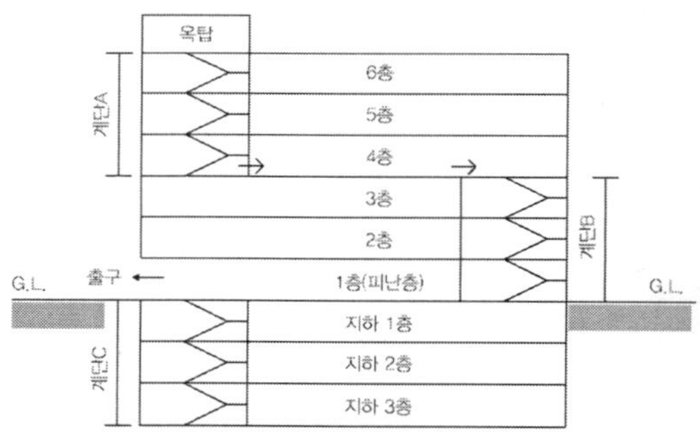

그림 9-2 직통계단

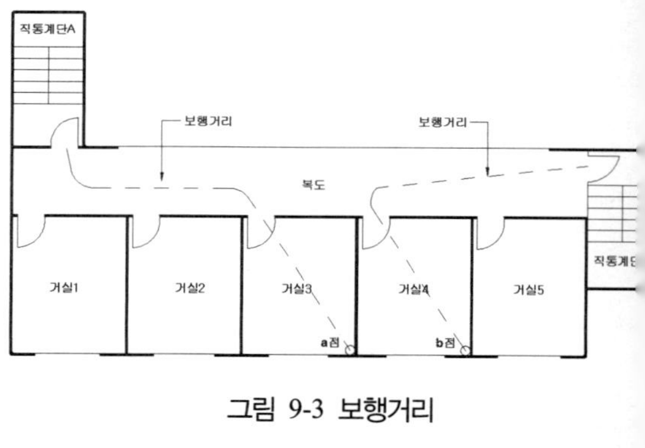

그림 9-3 보행거리

1) 직통계단의 설치

(1) 직통계단까지의 보행거리

건축물의 피난층 외의 층에 있어서 피난층 또는 지상으로 통하는 직통계단(경사로를 포함한다)은 거실의 각 부분으로부터 계단(거실로부터 가장 가까운 거리에 있는 계단)에 이르는 보행거리를 30미터 이하가 되도록 설치하여야 한다. 단, 건축물(지하층에 설치하는 것으로서 바닥면적의 합계가 300제곱미터 이상인 공연장 · 집회장 · 관람장 및 전시장은 제외한다)의 주요구조부가 내화구조 또는 불연재료로 된 건축물은 다음과 같이 할 수 있다.

① 층수가 16층 이상인 공동주택 : 40미터 이하
② 일반용도의 건축물 : 50미터 이하
③ 자동식 소화설비를 설치한 공장으로서 반도체 및 디스플레이 패널을 제조하는 공장 : 75미터 이하(무인화공장인 경우 100미터 이하)

(2) 직통계단의 출입구

피난에 지장이 없도록 일정한 간격을 두어 설치하고, 각 직통계단 상호간에는 각각 거실과 연결된 복도 등 통로를 설치하여야 한다.

(3) 2개소 이상의 직통계단 설치 의무

다음 어느 하나에 해당하는 건축물은 피난층 또는 지상으로 통하는 직통계단(경사로를 포함한다)을 2개소 이상 설치해야 한다.

문) 주요구조부가 내화구조 또는 불연재료로 된 17층 아파트인 경우 거실의 각 부분으로부터 계단까지의 최대 보행거리는?

㉮ 30m
㉯ 40m
㉰ 50m
㉱ 60m

해답 ㉯

표 9-1 직통계단 2개소 이상 의무 설치대상 건축물

해당 용도와 층	거실의 바닥면적의 합계	
① 제2종근린생활시설 중 공연장 · 종교집회장, 문화 및 집회시설(전시장 및 동 · 식물원 제외), 종교시설, 또는 장례식장의 위락시설 중 주점영업 또는 장례식장의 용도로 쓰는 층	그 층의 해당 용도로 쓰는 바닥면적의 합계	200m^2 (제2종근린생활시설 중 공연장 · 종교집회장은 각각 300m^2) 이상인 것
② 단독주택 중 다중주택 · 다가구주택, 제2종근린생활시설 중 인터넷컴퓨터게임시설제공업소(해당 용도로 쓰는 바닥면적의 합계가 300m^2이상인 경우만 해당된다) · 학원 · 독서실, 판매시설, 운수시설, 의료시설(입원실이 없는 치과병원을 제외), 교육연구시설 중 학원, 노유자시설 중 아동 관련 시설 · 노인복지시설, 수련시설 중 유스호스텔 또는 숙박시설의 용도로 쓰는 3층 이상의 층	그 층의 해당 용도로 쓰는 거실의 바닥면적의 합계	200m^2 이상인 것
③ 공동주택(층당 4세대 이하인 것은 제외) 또는 업무시설중 오피스텔의 용도로 쓰는 층	그 층의 해당 용도로 쓰는 거실의 바닥면적의 합계	300m^2 이상인 것
④ ① 내지 ③에 규정된 용도에 해당하지 아니하는 3층 이상의 층	그 층 거실의 바닥면적의 합계	400m^2 이상인 것
⑤ 지하층	그 층 거실의 바닥면적의 합계	200m^2 이상인 것

2) 피난계단 및 특별피난계단

다음에 해당하는 건축물은 그 층의 위치에 따라 그 층으로부터 피난층 또는 지상으로 통하는 직통계단은 피난계단 또는 특별피난계단으로 하여야 한다.

(1) 5층 이상 또는 지하 2층 이하인 층에 설치하는 직통계단은 국토교통부령으로 정하는 기준에 따라 피난계단 또는 특별피난계단으로 설치하여야 한다. 다만, 건축물의 주요구조부가 내화구조 또는 불연재료로 되어 있는 경우로서

다음 어느 하나에 해당하는 경우에는 그러하지 아니하다.

① 5층 이상인 층의 바닥면적의 합계가 200제곱미터 이하인 경우

② 5층 이상인 층의 바닥면적 200제곱미터 이내마다 방화구획이 되어 있는 경우

(2) 건축물(갓복도식 공동주택은 제외한다)의 11층(공동주택의 경우에는 16층) 이상인 층(바닥면적이 400제곱미터 미만인 층은 제외한다) 또는 지하 3층 이하인 층(바닥면적이 400제곱미터 미만인 층은 제외한다)으로부터 피난층 또는 지상으로 통하는 직통계단은 (1)에도 불구하고 특별피난계단으로 설치하여야 한다.

(3) (1)에서 판매시설의 용도로 쓰는 층으로부터의 직통계단은 그 중 1개소 이상을 특별피난계단으로 하여야 한다.

(4) 건축물의 5층 이상으로서 문화 및 집회시설 중 전시장 또는 동 · 식물원, 판매시설, 운수시설(여객용시설만 해당한다), 운동시설, 위락시설, 관광휴게시설, 또는 수련시설 중 생활권 수련시설의 용도로 쓰는 층에는 직통계단 외에 그 층의 해당 용도로 쓰는 바닥면적의 합계가 2천 제곱미터를 넘는 경우에는 그 넘는 2천 제곱미터 이내마다 1개소의 피난계단 또는 특별피난계단(4층 이하의 층에는 쓰지 아니하는 피난계단 또는 특별피난계단만 해당한다)을 설치하여야 한다.

문) 건축물의 7층 피난층으로 통하는 직통계단 중 반드시 1개소 이상을 특별피난계단으로 설치하여야하는 당해층의 용도는?

㉮ 판매시설
㉯ 숙박시설
㉰ 집회시설
㉱ 업무시설

해답 ㉮

3) 피난계단과 특별피난계단의 구조

피난계단 및 특별피난계단의 구조는 아래와 같다.

표 9-2 피난계단 및 특별피난계단의 구조

<table>
<tr><th>구 분</th><th>옥내피난계단</th><th>특별피난계단</th></tr>
<tr><td>건축물의 내부와 계단실의 연결</td><td>직접</td><td>노대를 통하여 연결하거나, 외부를 향하여 열 수 있는 면적 1㎡ 이상인 창문(바닥으로부터 1m 이상의 높이에 설치한 것에 한함) 또는 배연설비가 있는 면적 3㎡ 이상인 부속실을 통하여 연결</td></tr>
<tr><td>벽의 구획</td><td colspan="2">계단실(노대 및 부속실)은 창문 등을 제외하고는 내화구조의 벽으로 구획할 것</td></tr>
<tr><td>실내 마감</td><td colspan="2">계단실(부속실)의 벽 및 반자 등 실내에 접하는 모든 부분의 마감은 불연재료로 할 것</td></tr>
<tr><td>조명 설비</td><td colspan="2">계단실에는 예비전원에 의한 조명설비를 할 것</td></tr>
<tr><td>창문 등의 거리</td><td colspan="2">계단실(노대 및 부속실)의 바깥쪽과 접하는 창문 등은 일반창문 등으로부터 2m 이상의 거리를 두고 설치할 것</td></tr>
<tr><td rowspan="2">창문 등</td><td colspan="2">건축물의 내부와 접하는 계단실의 창문 등은 망입유리의 붙박이창으로서 그 면적을 각각 1㎡ 이하로 할 것</td></tr>
<tr><td>-</td><td>- 계단실에는 노대 또는 부속실에 접하는 부분 외에는 건축물의 내부와 접하는 창문 등의 설치금지
- 노대 및 부속실에는 계단실 외의 건축물의 내부와 접하는 창문 등(출입구는 제외)을 설치하지 아니할 것</td></tr>
<tr><td rowspan="2">출입구</td><td colspan="2">출입구의 유효너비는 0.9m 이상으로 하고, 피난의 방향으로 열 수 있을 것</td></tr>
<tr><td>건축물의 내부에서 계단실로 통하는출입구에는 갑종방화문 설치</td><td>- 건축물의 내부에서 노대 또는 부속실로 통하는 출입구에는 갑종방화문 설치
- 노대 또는 부속실로부터 계단실로 통하는 출입구에는 갑종 또는 을종방화문 설치
- 갑종 또는 을종방화문은 언제나 닫힌 상태를 유지하거나 화재를 신속 감지하여 자동적으로 닫히는 구조로 한다.</td></tr>
<tr><td>계단</td><td colspan="2">- 내화구조로 하고 피난층 또는 지상까지 직접 연결되도록 할 것
- 돌음계단으로 하여서는 아니된다.
- 옥상광장을 설치하여야 하는 건축물의 피난계단 또는 특별피난계단은 건축물의 옥상으로 통하도록 설치하여야 한다. 이 경우 옥상으로 통하는 출입문은 피난방향으로 열리는 구조로서 피난시 이용에 장애가 없어야 한다.</td></tr>
</table>

4) 옥외 피난계단의 설치

(1) 옥외 피난계단의 설치대상

건축물의 3층 이상인 층(피난층은 제외한다)으로서 다음 어느 하나에 해당하는 용도로 쓰는 층에는 지상으로 통하는 옥외 피난계단을 따로 설치하여야 한다.

① 제2종 근린생활시설 중 공연장(해당 용도로 쓰는 바닥면적의 합계가 300제곱미터 이상인 경우만 해당된다), 문화 및 집회시설 중 공연장, 위락시설 중 주점영업의 용도로 쓰는 층으로서 그 층 거실의 바닥면적의 합계가 300제곱미터 이상인

② 문화 및 집회시설 중 집회장의 용도로 쓰는 층으로서 그 층 거실의 바닥면적의 합계가 1천 제곱미터 이상인 것

(2) 옥외 피난계단의 구조

옥외 피난계단의 구조는 아래와 같다.

표 9-3 옥외 피난계단의 구조

구 분	설 치 기 준
창문 등의 거리	계단은 그 계단으로 통하는 출입구 외의 창문 등으로부터 2m 이상의 거리를 두고 설치할 것
출입구	건축물의 내부에서 계단으로 통하는 출입구에는 갑종 또는 을종방화문을 설치할 것
계 단	- 계단의 유효너비는 0.9m 이상으로 할 것 - 내화구조로 하고 지상까지 직접 연결되도록 할 것 - 돌음계단으로 하여서는 아니된다. - 옥상광장을 설치하여야 하는 건축물의 피난계단은 당해 건축물의 옥상으로 통하도록 설치하여야 한다.

문) 건축물의 바깥쪽에 설치하는 피난계단의 구조로 옳은 것은?

㉮ 계단 유효너비는 0.9m 이상으로 할 것

㉯ 계단으로 통하는 출입구 너비는 2.0m 이상으로 할 것

㉰ 계단은 방화구조로 하고 지상까지 직접 연결되도록 할 것

㉱ 계단으로 통하는 출입구 외의 창문 등으로부터 1.5m 이상의 거리를 두고 설치할 것

해답 ㉮

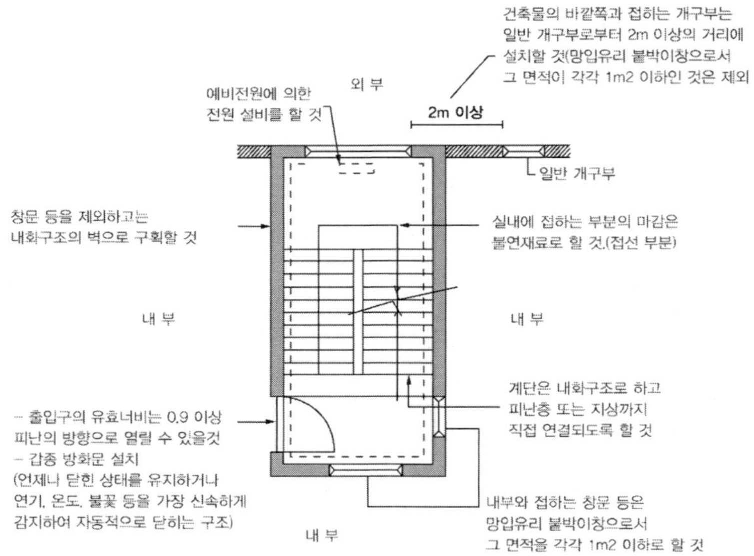

피난형태: 옥내 → 계단실 → 피난층

· 건축물의 피난 방화구조 등의 기준에 관한 규칙
제 9조(피난계단 및 특별피난계단의 구조) 제 2항제 1호 각목

그림 9-4 피난계단의 구조

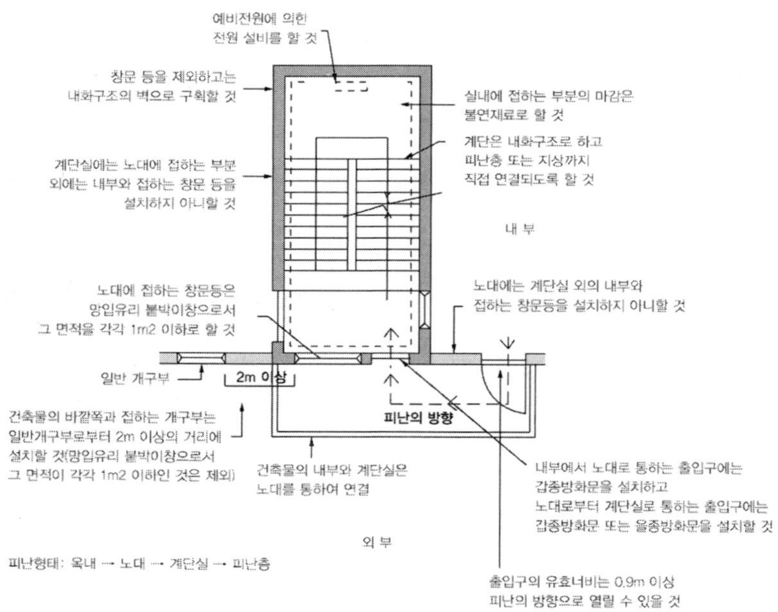

· 건축물의 피난, 방화구조 등의 기준에 관한 규칙
제 9조(피난계단 및 특별피난계단의 구조) 제 2항제 3호 각목

그림 9-5 피난계단의 구조

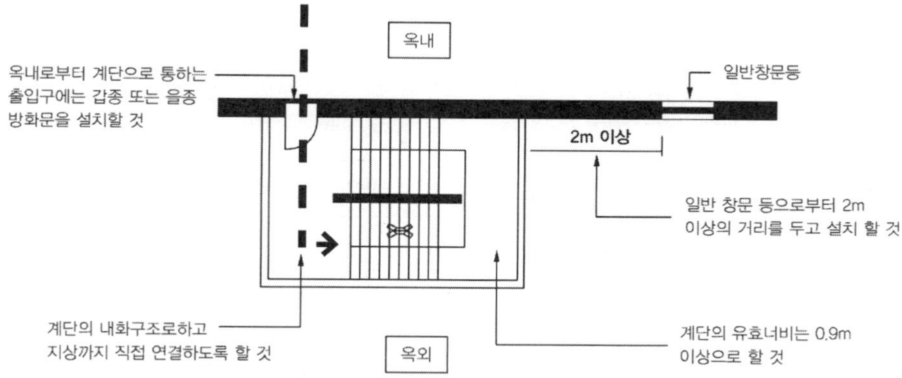

그림 9-6 옥외 피난계단의 구조

5) 계단의 설치기준 및 구조기준

연면적 200제곱미터를 초과하는 건축물은 안전기준에 적합한 계단을 설치하여야 한다.

사진 8-1 옥외피난계단

(1) 계단참 · 난간 등의 설치 의무

연면적 200제곱미터를 초과하는 건축물에 설치하는 계단은 다음 기준에 적합하게 설치하여야 한다. 다만, 승강기기계실용 계단 · 망루용 계단 등 특수한 용도에만 쓰이는 계단에는 이를 적용하지 아니한다.

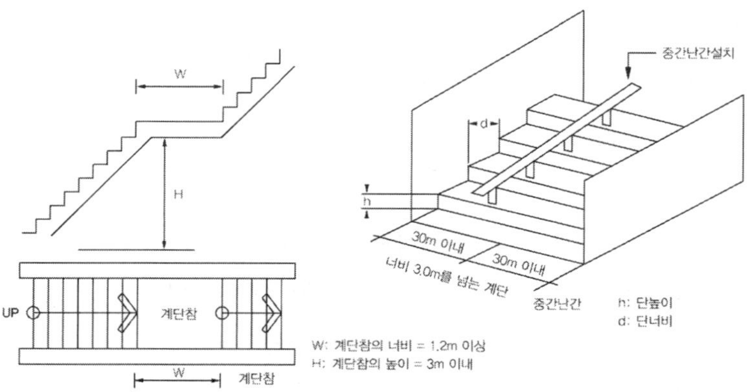

그림 9-7 일반 계단의 구조

표 9-4 계단참 등의 설치기준

종 류	대 상	내 용
계단참	높이가 3m를 넘는 계단	높이 3m 이내마다 너비 1.2m 이상의 계단참 설치
난간	높이가 1m를 넘는 계단 및 계단참	양옆에 난간(벽 또는 이에 대치되는 것)을 설치
중간난간	너비가 3m를 넘는 계단(계단의 단높이 15cm 이하이고 단너비 30cm 이상인 것 예외)	계단의 중간에 너비 3m 이내마다 중간난간설치
계단의 유효 높이	계단의 바닥 마감면부터 상부 구조체의 하부 마감면까지의 연직방향의 높이	2.1m 이상으로 할 것

(2) 계단각부의 치수

건축물별 계단각부의 치수기준은 다음과 같다.

표 9-5 계단각부의 치수

용도별 계단	계단 및 계단참의 너비	단높이	단너비
초등학교의 계단	150cm 이상	16cm 이하	26cm 이상
중 · 고등학교의 계단	150cm 이상	18cm 이하	26cm 이상
문화 및 집회시설 (공연장 · 집회장 및 관람장)	120cm 이상	-	
판매시설 기타 이와 유사한 용도			
윗층의 거실의 바닥면적의 합계가 200m² 이상이거나 거실의 바닥면적의 합계가 100m² 이상인 지하층의 계단			
기타의 계단	60cm 이상	-	
「산업안전보건법」에 의한 작업장에 설치하는 계단	「산업안전기준에 관한 규칙」에서 정한 구조		

(3) 아동 · 노약자 및 신체장애인에 대한 배려

다음 용도에 쓰이는 건축물의 주계단 · 피난계단 또는 특별피난계단에 설치하는 난간 및 바닥은 아동의 이용에 안전하고 노약자 및 신체장애인의 이용에 편리한 구조로 하여야 하며, 양쪽에 벽 등이 있어 난간이 없는 경우에는 손잡이를 설치하여야 한다.

① 공동주택(기숙사를 제외한다)
② 제1종 근린생활시설 및 제2종 근린생활시설
③ 문화 및 집회시설
④ 종교시설
⑤ 판매시설
⑥ 운수시설
⑦ 의료시설
⑧ 노유자시설
⑨ 업무시설 · 숙박시설 · 위락시설 · 관광휴게시설

(4) 난간 · 벽 등의 손잡이와 바닥마감

① 손잡이는 최대지름이 3.2~3.8센티미터인 원형 또는 타원형의 단면으로 할 것
② 손잡이는 벽 등으로부터 5센티미터 이상 떨어지도록 하고, 계단으로부터의 높이는 85센티미터가 되도록 할 것
③ 계단이 끝나는 수평 부분에서의 손잡이는 바깥쪽으로 30센티미터 이상 나오도록 설치할 것

(5) 계단에 대체되는 경사로

① 경사로는 1 : 8을 넘지 아니할 것
② 표면을 거친 면으로 하거나 미끄러지지 아니하는 재료로 마감할 것
③ 경사로의 직선 및 굴절부분의 유효너비는 「장애인 · 노인 · 임산부의 편의증진 보장에 관한 법률」이 정하는 기준에 적합할 것

문) 건축법상 계단의 단높이를 가장 낮게 하여야 하는 것은?

㉮ 병원계단
㉯ 초등학교의 계단
㉰ 주택의 계단
㉱ 영화관의 계단

해답 ㉯

6) 복도의 너비 및 설치기준

건축물의 복도는 거실과 거실, 거실과 계단을 잇는 소통의 동선이면서 피난과 안전 기능을 수행하는 중요한 동맥과 같은 역할을 한다. 특히 다중이 사용하는 건축물인 경우 최단거리와 충분한 너비를 확보해야 한다.

(1) 건축물에 설치하는 복도의 유효너비

각 건축물에 설치하는 복도의 유효너비 기준은 아래와 같다.

표 9-6 건축물별 복도의 유효너비

구 분	양옆에 거실이 있는 복도	기타의 복도
유치원 · 초등학교 · 중학교 · 고등학교	2.4m 이상	1.8m 이상
공동주택 · 오피스텔	1.8m 이상	1.2m 이상
당해 층 거실의 바닥면적 합계가 200m² 이상인 경우	1.5m 이상 (의료시설의 복도는 1.8m 이상)	1.2m 이상

(2) 특수용도 건축물의 복도의 유효너비

종교시설 중 종교집회장, 노유자시설 중 아동관련시설 · 노인복지시설 · 생활권수련시설, 노인복지시설, 수련시설 중 생활권수련시설, 위락시설 중 유흥주점, 장례식장의 용도의 관람석 또는 집회실의 복도의 유효너비는 (1)의 규정에도 불구하고 다음 표에서 정하는 너비로 하여야 한다.

표 9-7 특수용도 건축물의 복도 유효너비

당해층의 바닥면적의 합계	복도의 유효너비
500m² 미만인 경우	1.5m 이상
500m² 이상, 1천m² 미만	1.8m 이상
1천m² 이상인 경우	2.4m 이상

문) 문화 및 집회시설 중 공연장의 개별관람석의 바깥쪽에는 양쪽 및 뒤쪽에 각각 복도를 설치하여야 하는 연면적의 규모로 옳은 것은?

㉮ 150㎡
㉯ 200㎡
㉰ 260㎡
㉱ 300㎡

해답 ㉱

(3) 공연장에 설치하는 복도

① 공연장의 개별관람석(바닥면적이 300제곱미터 이상인 경우)의 바깥쪽에는 그 양쪽 및 뒤쪽에 각각 복도를 설치할 것

② 하나의 층에 개별관람석(바닥면적이 300제곱미터 미만인 경우)을 2개소 이상 연속하여 설치하는 경우에는 그 관람석의 바깥쪽의 앞쪽과 뒤쪽에 각각 복도를 설치할 것

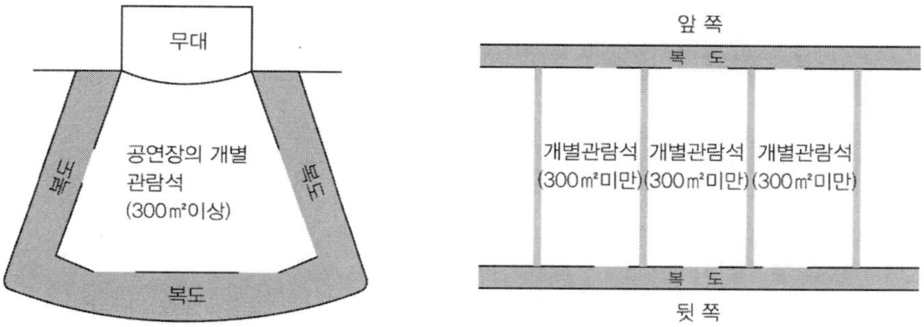

그림 9-8 공연장 등에 설치하는 복도

7) 지하층과 피난층 사이의 개방공간 설치

바닥면적의 합계가 3천 제곱미터 이상인 공연장 · 집회장 · 관람장 또는 전시장을 지하층에 설치하는 경우에는 각 실에 있는 자가 지하층 각 층에서 건축물 밖으로 피난하여 옥외계단 또는 경사로 등을 이용하여 피난층으로 대피할 수 있도록 천정이 개방된 외부공간을 설치하여야 한다.

8) 관람석 등으로부터의 출구 설치

출구는 건축물의 규모와 용도에 따라 설치기준이 다르다. 그 건축물을 사용하는 사람들의 행태나 사용 밀집도에 따라서 기준이 달라져야 하기 때문이다.

표 9-8 건축물별 출구 기준

구 분		설치규정
① 제2종근린생활시설 중 공연장 · 종교집회장(해당 용도 바닥면적이 합계 각각 300㎡ 이상인 경우만 해당), 문화 및 집회시설(전시장 및 동식물원 제외), 종교시설, 위락시설, 장례식장	관람석 또는 집회실로부터 바깥쪽으로의 출구에 쓰이는 문	안여닫이로 하여서는 아니된다.
② 앞의 ①항의 경우에 공연장의 개별관람석(바닥면적 300m² 이상인 것)의 출구	관람석별로	2개 이상 설치할 것
	각출구의 유효너비	1.5m 이상일 것
	개별관람석 출구의 유효너비의 합계	* $\frac{\text{개별관람석의 바닥면적}(m^2)}{100m^2} \times 0.6m$ 이상

사진 9-2 공연장 출구

9) 건축물 바깥쪽으로의 출구 설치

(1) 건축물의 바깥쪽으로의 출구 설치대상

다음 어느 하나에 해당하는 건축물은 건축물의 바깥쪽으로 나가는 출구를 설치하여야 한다. 이 경우 건축물의 바깥쪽으로 나가는 출입문에 유리를 사용하는 경우에는 안전유리를 사용하여야 한다.

① 제2종 근린생활시설 중 공연장 · 종교집회장 · 인터넷컴퓨터게임시설제공업소(해당 용도로 쓰는 바닥면적의 합계가 각각 300제곱미터 이상인 경우만 해당된다)
② 문화 및 집회시설(전시장 및 동 · 식물원 제외)
③ 종교시설
④ 판매시설
⑤ 업무시설중 국가 또는 지방자치단체의 청사
⑥ 위락시설
⑦ 연면적이 5천 제곱미터 이상인 창고시설
⑧ 교육연구시설 중 학교
⑨ 장례식장
⑩ 승강기를 설치하여야 하는 건축물(법 제57조, 설비규칙 별표1 참조)

(2) 피난층에서의 보행거리

피난층에서 출구까지의 보행거리의 기준은 아래와 같다.

문) 영화관의 관람객 1개 층의 바닥면적이 1,500㎡인 경우 출구의 너비 2m로 했을 때 출구는 최소한 몇 개를 확보해야 하는가?

㉮ 6개소
㉯ 5개소
㉰ 4개소
㉱ 2개소

해답 ㉮

표 9-9 피난층에서의 보행거리

구 분	원 칙	주요구조부가 내화구조 · 불연재료
피난층의 계단으로부터 건축물의 바깥쪽으로의 출구까지의 보행거리	30m 이하	- 16층 이상인 공동주택 : 40m 이하 - 기타의 건축물 : 50m 이하
거실의 각 부분으로부터 건축물의 바깥쪽으로의 출구까지의 보행거리	위 값의 2배 이하	위 값의 2배 이하

(3) 안여닫이문 금지

다음 용도에 쓰이는 건축물의 바깥쪽으로의 출구로 쓰이는 문은 안여닫이로 하여서는 아니된다.

① 문화 및 집회시설(전시장 및 동 · 식물원을 제외)

② 종교시설, 장례식장

③ 위락시설

(4) 보조출구 또는 비상구 설치

관람석의 바닥면적의 합계가 300제곱미터 이상인 집회장 또는 공연장에 있어서는 주된 출구 외에 보조출구 또는 비상구를 2개소 이상 설치하여야 한다.

(5) 판매시설의 피난층 출구의 유효너비

판매시설의 피난층에 설치하는 건축물의 바깥쪽으로의 출구의 유효너비의 합계는 해당 용도에 쓰이는 바닥면적이 최대인 층에 있어서의 해당 용도의 바닥면적 100제곱미터마다 0.6미터의 비율로 산정한 너비 이상으로 하여야 한다.

(6) 경사로의 설치

다음에 해당하는 건축물의 피난층 또는 피난층의 승강장으로부터 건축물의 바깥쪽에 이르는 통로에는 경사로를 설치하여야 한다.

① 제1종 근린생활시설 중 (당해 용도의 바닥면적의 합계가 1천제곱미터 미만인 것)지역자치센터 · 파출소 · 지구대 · 소방서 · 우체국 · 방송국 · 보건소 · 공공도서관 · 지역건강보험조합 기타 이와 유사한 것.

② 제1종 근린생활시설 중 (면적제한 없음) 마을회관 · 마을공동작업소 · 마을공동구판장 · 변전소 · 양수장 · 정수장 · 대피소 · 공중 화장실 기타 이와 유사한 것

③ 연면적이 5천 제곱미터 이상인 판매시설, 운수시설

④ 교육연구시설 중 학교

⑤ 업무시설 중 국가 또는 지방자치단체의 청사와 외국공관의 건축물로서 제1종 근린생활시설에 해당하지 아니하는 것

⑥ 승강기를 설치하여야 하는 건축물(법 제57조, 설비규칙 별표1 참조)

10) 회전문의 설치기준

건축물의 출입구에 설치하는 회전문은 다음에 정하는 기준에 적합하여야 한다.

(1) 계단이나 에스컬레이터로부터 2미터 이상의 거리를 둘 것

(2) 회전문과 문틀사이는 5센티미터 이상, 바닥사이는 3센티미터 이하의 간격을 확보하도록 하고, 틈 사이를 고무와 고무벨트의 조합체 등을 사용할 것

(3) 일정한 방향으로 회전하는 구조로 할 것

문) 다음의 시설은 4층 이하의 건축물이다. 건축법령상 피난층으로부터 외부에 이르는 경사로를 설치해야 하는 시설은?

㉮ 학교
㉯ 치과의원
㉰ 한의원
㉱ 연면적이 4,500㎡인 판매시설

해답 ㉮

(4) 회전문의 크기는 반경 140센티미터 이상으로 할 것

(5) 회전속도는 분당 회전수가 8회를 넘지 아니하도록 할 것

(6) 충격이 있는 경우 전자감지장치 등을 사용하여 정지하는 구조로 할 것

11) 옥상광장 등의 설치

(1) 난간설치

다음에 해당되는 부분에 대해서는 그 주위에 높이 1.2미터 이상의 난간을 설치(노대 등에 출입불가한 구조인 경우는 제외)하여야 한다.

① 옥상광장
② 2층 이상인 층에 있는 노대
③ 그 밖에 이와 비슷한 것

(2) 옥상광장 설치

5층 이상인 층이 다음의 용도로 쓰는 경우 피난의 용도로 쓸 수 있는 광장을 옥상에 설치하여야 한다.

① 제2종 근린생활시설 중 공연장·종교집회장(해당 용도로 쓰이는 바닥면적의 합계가 각각 300제곱미터 이상인 경우만 해당)
② 문화 및 집회시설(전시장 및 동 · 식물원은 제외)
③ 종교시설
④ 판매시설
⑤ 장례식장
⑥ 위락시설 중 주점영업

문) 다음 5층 이상의 건축물 중 옥상광장 설치대상의 용도가 아닌 것은?

㉮ 의료시설 중 격리병원
㉯ 판매시설
㉰ 위락시설 중 주점영업
㉱ 문화 및 집회시설

해답 ㉮

(3) 헬리포트 등의 설치

11층 이상인 층의 바닥면적의 합계가 1만 제곱미터 이상이고 건축물의 옥상이 평지붕인 경우에는 헬리포트를 설치하거나 헬리콥터를 통하여 인명 등을 구조할 수 있는 공간을 설치하여야 한다. 또한 경사지붕인 경우에는 기준에 맞은 공간을 설치하여야 한다.

(4) 경사지붕 아래에 설치한 대피공간 기준

경사지붕인 경우에는 다음 기준에 맞는 대피공간을 설치하여야 한다.

① 대피공간의 면적은 지붕 수평투영면적의 10분의 1이상일 것
② 특별피난계단 또는 피난계단과 연결되도록 할 것
③ 출입구 · 창문을 제외한 부분은 해당 건축물의 다른 부분과 내화구조의 바닥 및 벽으로 구획할 것
④ 출입구는 유효너비 0.9미터 이상으로 하고, 그 출입구에는 갑종방화문을 설치할 것
⑤ 내부마감재료는 불연재료로 할 것
⑥ 예비전원으로 작동하는 조명설비를 설치할 것
⑦ 관리사무소 등과 긴급 연락이 가능한 통신시설을 설치할 것

12) 대지 안에 피난 및 소화에 필요한 통로 설치

건축물을 배치할 때 주차통로, 조경, 공개 공지 등 토지이용의 효율성을 높이는 것도 중요하지만 피난 및 소화를 위한 계획 또한 무엇보다도 중요하다.

긴급사태가 발생하면 해당 건축물을 이용하는 사람들이 동시에 쏟아지기 때문에 가장 짧은 시간 안에 가장 많은 사람들을

신속하게 대피시키는 건축계획을 세워야 한다.

(1) 건축물의 대지 안에는 건축물의 바깥쪽으로의 주된 출구와 지상으로 통하는 피난계단 및 특별피난계단으로부터 도로 또는 공지(공원, 광장 그 밖에 이와 유사한 것으로서 피난 및 소화를 위하여 당해 대지에의 출입에 지장이 없는 것을 말함)로 통하는 통로를 다음 기준에 따라 설치하여야 한다.

① 단독주택은 통로의 유효너비 0.9미터 이상

② 바닥면적의 합계가 500제곱미터 이상인 문화 및 집회시설 · 종교시설 · 의료시설 · 위락시설 또는 장례식장의 통로의 유효너비는 3미터 이상

③ 그 밖의 용도의 건축물은 유효너비 1.5미터 이상

(2) 다중이용 건축물과 층수가 11층 이상인 건축물이 건축되는 대지에는 소방자동차의 접근이 가능한 통로를 설치하여야 한다. 다만, 소방자동차의 접근이 가능한 도로 또는 공지에 접한 경우에는 그러하지 아니하다.

3. 방화구획의 설치

발화가 되면 주변으로 확산되는 것을 건축계획에서 가장 중요하게 고려해야 하는데 그 불길을 견딜 수 있는 구조, 즉 내화구조로 된 바닥과 벽, 갑종방화문이나 자동방화셔터 등으로 구획하여서 불길이 더 이상 번지는 것을 차단하도록 해야 한다.

✓ 화재가 발생할 경우 불길이 옆 사무실이나 위층으로 번지지 않도록 특별히 구획을 하는데 이를 방화구획이라 한다

1) 방화구획의 설치기준

(1) 주요구조부가 내화구조 또는 불연재료로 된 건축물로서 연면적이 1천 제곱미터를 넘는 것은 다음 기준에 의하여

내화구조로 된 바닥 · 벽 및 갑종방화문(기준에 적합한 자동방화셔터 포함)으로 구획하여야 한다.

표 9-10 방화구획의 설치기준

<table>
<tr><th colspan="2">단위구획의 종류</th><th colspan="2">구획의 기준</th></tr>
<tr><td>층단위</td><td>-3층 이상의 층
-지하층</td><td colspan="2">각층마다 구획할 것</td></tr>
<tr><td rowspan="3">면적단위</td><td>10층 이하의 층</td><td colspan="2">바닥면적 1,000m² (3,000m²) 이내마다 구획할 것</td></tr>
<tr><td rowspan="2">11층 이상의 층</td><td>실내마감재가
불연재료가 아닌 경우</td><td>200m² (600m²)
이내마다 구획할 것</td></tr>
<tr><td>실내마감재가
불연재료인 경우</td><td>500m² (1,500m²)
이내마다 구획할 것</td></tr>
</table>

✓ (　)내의 숫자는 스프링클러 기타 이와 유사한 자동식 소화설비를 설치한 경우의 기준 면적임.

(2) 다음 어느 하나에 해당하는 건축물의 부분에는 앞의 (1)의 규정을 적용하지 아니하거나 (1)의 규정을 완화하여 적용할 수 있다.

① 문화 및 집회시설(동 · 식물원은 제외한다), 종교시설, 운동시설 또는 장례식장의 용도로 쓰는 거실로서 시설 및 활동공간의 확보를 위하여 불가피한 경우

② 물품의 제조 · 가공 · 보관 및 운반 등에 필요한 고정식 대형기기 · 설비의 설치를 위하여 불가피한 경우

③ 계단실 부분 · 복도 또는 승강기의 승강로 부분에 그 건축물의 다른 부분과 방화구획으로 구획된 부분

④ 건축물의 최상층 또는 피난층에 대규모 회의장, 강당, 스카이라운지, 로비 또는 피난안전구역 등 해당 용도로의 사용상 불가피한 부분

⑤ 복층형인 공동주택에 세대별 층간 바닥부분

⑥ 주요구조부가 내화구조 · 불연재료로 된 주차장 부분

⑦ 단독주택, 동물 및 식물관련시설 또는 교정 및 군사시설

중 군사시설(집회, 체육, 창고 등의 용도로 사용되는 시설만 해당)등의 해당 용도에 쓰이는 건축물

(3) 건축물의 일부가 건축물의 내화구조의 규정에 의한 건축물에 해당하는 경우에는 그 부분과 다른 부분을 방화구획으로 구획하여야 한다.

(4) 아파트로서 4층 이상인 층의 각 세대가 2개 이상의 직통계단을 사용할 수 없는 경우에는 발코니에 인접세대와 공동으로(대피공간의 바닥면적 3제곱미터 이상) 또는 각 세대 별로(대피공간의 바닥면적 2제곱미터 이상) 다음 요건을 모두 갖춘 대피공간을 하나 이상 설치하여야 한다.

① 대피공간은 바깥의 공기와 접할 것
② 대피공간은 실내의 다른 부분과 방화구획으로 구획될 것
③ 대피공간의 바닥면적은 공동으로 설치하는 경우에는 3제곱미터 이상으로 하고 각 세대별로 설치하는 경우에는 2제곱미터 이상일 것
④ 국토교통부장관이 정하는 기준에 적합할 것

(5) 앞의 (4)의 규정에 불구하고 아파트의 4층 이상인 층에서 다음과 같은 구조를 설치한 경우에는 대피공간을 설치하지 아니할 수 있다.

① 인접 세대와의 경계벽이 파괴하기 쉬운 경량구조 등인 경우
② 경계벽에 피난구를 설치한 경우
③ 발코니의 바닥에 국토교통부령으로 정하는 하향식 피난구를 설치한 경우
④ 국토교통부장관이 중앙건축위원회의 심의를 거쳐 (4)에 따른 대피공간과 동일하거나 그 이상의 성능이 있

문) 방화구획에 관한 기술 중 틀린 것은?

㉮ 10층 이하의 층은 바닥면적 합계가 1,000㎡이내마다 구획한다
㉯ 3층 이상의 모든 층과 지하층에 있어서는 층마다 구획한다
㉰ 11층 이상의 모든 층에 있어서는 바닥면적 300㎡이내마다 구획한다
㉱ 11층 이상의 경우 방화구획의 구획기준 면적은 실내마감재료의 종류에 따라 다를 수 있다.

해답 ㉰

다고 인정하여 고시하는 구조 또는 시설을 설치한 경우

(6) 방화구획의 구조

① 방화구획으로 사용하는 갑종방화문은 언제나 닫힌 상태를 유지하거나 화재시 연기, 온도, 불꽃 등을 가장 신속하게 감지하여 자동적으로 닫히는 구조로 할 것

② 외벽과 바닥 사이에 틈이 생긴 때나 급수관 · 배전관 등이 방화구획을 관통하는 경우 그로 인하여 방화구획에 틈이 생긴 때에 그 관과 방화구획과의 틈을 내화충전성능을 인정한 구조로 된 것으로 메울 것

③ 환기 · 난방 · 냉방시설의 풍도가 방화구획을 관통하는 경우에 기준에 적합한 댐퍼를 그 관통부분 또는 근접부분에 설치할 것

✓ 댐퍼(Damper) : 순환하는 공기의 방향 · 속도 · 양을 조절하기 위하여 Duct 내에 설치된 장치

✓ 하나의 건축물 안에서는 방화에 장애가 되는 특정한 용도끼리는 같이 건축할 수 없다.

2) 방화에 장애가 되는 용도의 제한

(1) 용도의 제한

① 같은 건축물 안에서는 ㉠에 정하는 건축물 중 하나 이상과 ㉡에 정하는 건축물 중 하나 이상을 함께 설치할 수 없다.

㉠ 공동주택, 의료시설, 아동관련시설, 노인복지시설, 장례식장

㉡ 위락시설, 위험물저장 및 처리시설, 공장, 자동차정비공장

② 다음에 해당하는 용도의 시설은 같은 건축물에 함께 설치할 수 없다.

㉠ 노유자시설 중 아동 관련 시설 또는 노인복지시설과 판매시설 중 도매시장 또는 소매시장

㉡ 단독주택(다중주택, 다가구주택에 한정), 공동주택,

문) 방화에 장애가 되는 용도의 제한 중 같은 건축물 안에 함께 설치 가능한 용도는?

㉮ 공동주택의 기숙사와 공장
㉯ 의료시설과 자동화시설
㉰ 공동주택과 위락시설
㉱ 위험물저장 및 처리시설과 공장

해답 ㉮

제1종 근린생활시설 중 조산원 또는 산후조리원과 제2종 근린생활시설 중 다중생활시설

(2) 용도제한의 완화

다음의 어느 하나에 해당하는 경우로서 '완화받을 수 있는 기준' (피난 및 방화규칙 제14조의2)에 적합한 경우에는 같은 건축물 안에 함께 설치할 수 있다.

① 기숙사와 공장이 같은 건축물 안에 있는 경우

② 상업지역(중심 · 일반 · 근린)안에서 도시 및 주거환경정비법에 따른 도시환경정비사업을 시행하는 경우

① 공동주택과 위락시설이 같은 초고층 건축물에 있는 경우(다만, 주택의 출입구 · 계단 및 승강기 등을 주택 외의 시설과 분리된 구조로 하여야 함)

(3) 완화 기준

(1)의 용도제한에서 ㉠의 공동주택 등 중 하나 이상과 ㉡의 위락시설 등 중 하나 이상을 함께 설치하고자 하는 경우에는 다음의 기준에 적합하여야 한다.

① 출입구는 서로 그 보행거리가 30미터 이상이 되도록 설치할 것

② 바닥 및 벽

㉠ 내화구조로 된 바닥 및 벽으로 구획하여 서로 차단할 것

㉡ 서로 이웃하지 아니하도록 배치할 것

③ 건축물의 주요구조부는 내화구조로 할 것

④ 거실의 벽 및 반자가 실내에 면하는 부분의 마감재료는 불연재료 · 준불연재료 또는 난연재료로 할 것

⑤ 거실로부터 지상으로 통하는 주된 복도 · 계단, 그 밖에 통로의 벽 및 반자가 실내에 면하는 부분의 마감재료는

불연재료 또는 준불연재료로 할 것

4. 건축물의 내화구조 및 방화벽

1) 경계벽 및 칸막이벽의 설치

소음문제를 해결하기 위하여 칸막이벽이나 경계벽의 두께를 규정하고 있지만 문제는 시공성의 확보가 무엇보다도 중요하다.

✓ 불이 났을 때 일정한 시간 동안은 건축물의 구조가 견딜 수 있어야 하는데, 그 견딜 수 있는 구조를 내화구조라 한다.

(1) 차음구조의 대상

다가구주택 및 공동주택의 세대간 칸막이벽, 기숙사의 침실, 의료시설의 병실, 학교의 교실 또는 숙박시설의 객실 간의 칸막이벽은 소음을 차단하도록 국토교통부령이 정하는 기준에 따라 설치해야 한다.

① 다음 건축물의 경계벽은 내화구조로 하고, 지붕 밑 또는 바로 윗층의 바닥판까지 닿게 하여야 한다.

㉠ 단독주택 중 다가구주택의 각 가구 간 또는 공동주택(기숙사는 제외한다)의 각 세대 간 경계벽(거실 · 침실 등의 용도로 쓰지 아니하는 발코니 부분은 제외 한다)

㉡ 공동주택 중 기숙사의 침실, 의료시설의 병실, 교육연구시설 중 학교의 교실 또는 숙박시설의 객실 간 경계벽

㉢ 제2종 근린생활시설 중 다중생활시설의 호실 간 경계벽

㉣ 노유자시설 중 「노인복지법」에 따른 노인복지주택의 각 세대 간 경계벽

② 앞의 ①의 규정에 의한 경계벽은 소리를 차단하는데 장애가 되는 부분이 없도록 다음 (2)의 어느 하나의 구조

로 하여야 한다.

(2) 차음구조의 기준

① 철근콘크리트조 · 철골철근콘크리트조는 벽의 두께가 10센티미터 이상인 것

② 무근콘크리트조 · 석조는 벽의 두께가 10센티미터 이상인 것(마감 바름두께 포함)

③ 콘크리트블록조 또는 벽돌조는 벽의 두께가 19센티미터 이상인 것

④ ① 내지 ③에서 정한 것 외에 국토교통부장관이 정하여 고시하는 기준에 따라 국토교통부장관이 지정하는 자 또는 한국건설기술위원장이 실시하는 품질시험에서 그 성능이 확인 된 것

⑤ 한국건설기술연구원장이 인정기준에 따라 인정하는 것

(3) 공동주택의 세대간의 경계벽 (주택건설기준 등에 관한 규정 제14조)

① 철근콘크리트조 · 철골철근콘크리트조는 벽의 두께 15센티미터 이상인 것(마감 바름두께 포함)

② 무근콘크리트 · 콘트리트블록조 · 벽돌조 · 석조는 벽의 두께 20센티미터 이상인 것(마감 바름두께 포함)인 것

③ 조립식 주택부재인 콘크리트판는 벽의 두께가 19센티미터 이상인 것

④ ①내지 ③에서 정한 것 외에 국토교통부장관이 정하여 고시하는 기준에 따라 한국건설기술연구원장이 차음성능을 인정하여 지정하는 구조인 것

(4) 가구 및 세대 간에 소음방지를 위한 바닥의 구조

경량충격음(비교적 가볍고 딱딱한 충격에 의한 바닥충격음을 말한다)과 중량충격음(무겁고 부드러운 충격에 의한 바닥충격음을 말한다)을 차단할 수 있는 구조로 하여야 한다. 해당 세부 기준은 국토교통부장관이 정하여 고시한다.

2) 건축물에 설치하는 굴뚝

건축물에 설치하는 굴뚝의 구조는 다음에 정하는 바에 의한다.

표 9-11 굴뚝의 구조

굴뚝의 종별	굴뚝의 부분	방화제한
일반 굴뚝	굴뚝의 옥상 돌출부	지붕면으로부터의 수직거리를 1m 이상으로 할 것. 다만, 굴뚝의 주위에 연기의 원활한 배출을 방해하는 장애물이 있는 경우에는 그 굴뚝의 상단이 용마루 · 계단탑 · 옥탑 등보다 높게 할 것
	굴뚝 상단으로부터의 수평거리 1m 이내에 다른 건축물이 있는 경우	그 건축물의 처마보다 1m 이상 높게 할 것
금속제 굴뚝	지붕 속 · 반자 위 및 가장 아랫바닥 밑에 있는 부분	금속 외의 불연재료로 덮을 것
	목재 기타 가연재료로부터	15cm 이상 떨어져서 설치할 것. 다만, 두께 10cm 이상인 금속 외의 불연재료로 덮은 부분은 예외

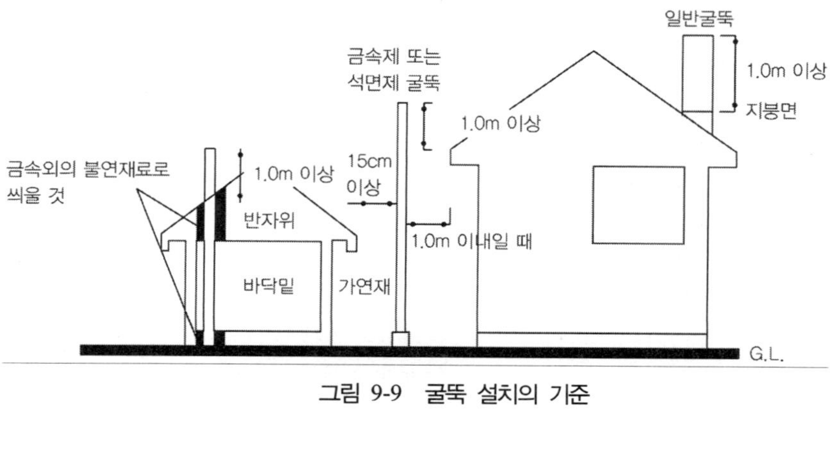

그림 9-9 굴뚝 설치의 기준

3) 건축물의 내화구조

문화 및 집회시설, 의료시설, 공동주택 등의 건축물은 주요구조부를 내화(耐火)구조로 하여야 한다.

(1) 주요구조부를 내화구조로 하여야 하는 건축물

주요 구조부를 내화구조로 하여야하는 건축물은 다음과 같다.

표 9-12 주요구조부를 내화구조로 하여야 하는 건축물

건축물의 용도	해당 용도의 바닥면적의 합계	비 고
제2종근린생활시설 중 공연장·종교집회장(해당 용도 바닥면적의 합계가 각각 300㎡ 이상인 경우만 해당), 문화 및 집회시설(전시장 및 동·식물원을 제외), 종교시설, 위락시설 중 주점 또는 장례식장	200㎡ 이상	옥외 관람석의 경우에는 1,000㎡ 이상
문화 및 집회시설 중 전시장 또는 동·식물원, 판매시설, 운수시설, 교육연구시설에 설치하는 체육관·강당, 수련시설, 운동시설 중 체육관·운동장, 위락시설(주점 제외), 창고시설, 위험물 저장 및 처리시설, 자동차 관련 시설, 방송통신시설 중 방송국·전신전화국·촬영소, 묘지 관련 시설 중 화장장 또는 관광휴게시설	500㎡ 이상	—
공 장	2,000㎡ 이상	화재의 위험이 적은 공장으로서 국토교통부령이 정하는 공장을 제외
건축물의 2층이 단독주택 중 다중주택, 다가구주택, 공동주택, 제1종근린생활시설(의료의 용도로 쓰는 시설만 해당), 제2종근린생활시설 중 다중이용시설, 의료시설, 노유자시설 중 아동 관련 시설·노인복지시설, 수련시설 중 유스호스텔, 업무시설 중 오피스텔, 숙박시설 또는 장례식장	400㎡ 이상	—

3층 이상인 건축물 및 지하층이 있는 건축물	모든 건축물	단독주택(다중주택, 다가구주택 제외), 동물 및 식물관련시설, 발전시설, 교도소 및 감화원 또는 묘지관련시설(화장장은 제외)의 용도로 쓰는 건축물과 철강관련 업종의 공장 중 제어실로 사용하기 위하여 연면적 50m² 이하로 증축하는 부분은 제외

(2) 완화규정

증축으로 내화구조 대상이 되는 경우도 기존 건축물을 포함하여 증축하는 부분도 내화구조 기준에 적합하여야 한다. 다만, 다음의 경우에는 내화구조로 하지 않아도 된다.

① 연면적이 50제곱미터 이하인 단층 부속건축물로서 외벽 및 처마 밑면을 방화구조로 한 것

② 무대의 바닥

③ 지붕틀을 불연재료로 한 지붕

✓ 화재가 발생한 경우 일정한 시간 동안 불길이 이웃 건축물로 건너갈 수 없도록 차단하는 벽을 방화벽이라 한다.

4) 대규모 건축물의 방화벽

(1) 설치대상

연면적 1천 제곱미터 이상인 건축물은 방화벽으로 구획하되, 각 구획된 바닥면적의 합계는 1천 제곱미터 미만이어야 한다. 다만, 주요구조부가 내화구조이거나 불연재료인 건축물과 단독주택(다중주택 및 다가구주택 제외), 동물 및 식물관련시설, 발전소(발전소의 부속용도로 사용되는 시설은 제외), 교도소 및 감화원 또는 묘지관련시설(화장장 제외)의 용도에 쓰이는 건축물 또는 내부설비의 구조상 방화벽으로 구획할 수 없는 창고시설 등은 그러하지 아니하다.

문) 다음 중 주요구조부를 내화구조로 하지 않아도 되는 것은?

㉮ 바닥면적의 합계가 1,500m²인 공장

㉯ 바닥면적의 합계가 500m²인 전시장

㉰ 바닥면적의 합계가 2,000m²인 체육관

㉱ 바닥면적의 합계가 1,000m²인 판매시설

해답 ㉮

(2) 방화벽의 구조

① 내화구조로서 홀로 설 수 있는 구조일 것

② 방화벽의 양쪽 끝과 위쪽 끝을 건축물의 외벽면 및 지붕면으로부터 0.5미터 이상 튀어나오게 할 것

③ 방화벽에 설치하는 출입문의 너비 및 높이는 각각 2.5미터 이하로 하고, 당해 출입문에는 갑종방화문을 설치할 것

5) 고층 건축물의 피난 및 안전관리

최근 주상복합을 비롯하여 초고층 건축물의 증가로 피난·안전 등의 문제가 제기됨에 따라 이에 대한 피난 대피기준이 강화되고 있다.

(1) 설치의무

① 초고층 건축물에는 피난층 또는 지상으로 통하는 직통계단과 직접 연결되는 피난안전구역(건축물의 피난·안전을 위하여 건축물 중간층에 설치하는 대피공간)을 지상층으로부터 최대 30개 층마다 1개소 이상 설치하여야 한다.

② 준초고층 건축물에는 피난안전구역을 해당 건축물 전체 층수의 2분의 1에 해당하는 층으로부터 상하 5개 층 이내에 1개소 이상 설치하여야 한다.

(2) 구조 및 설비

① 피난안전구역의 바로 아래층 및 위층은 적합한 단열재를 설치하여야 한다. 이 경우 아래층은 최상층에 있는 거실의 반자 또는 지붕기준을 준용하고, 위층은 최하층에 있는 거실의 바닥기준을 준용할 것

문) 방화벽의 기준으로 옳지 않은 것은?

㉮ 내화구조로서 홀로 설 수 있는 구조일 것

㉯ 방화벽의 양쪽 끝과 위쪽 끝을 건축물의 외벽면 및 지붕면으로부터 0.5m이상 튀어나오게 할 것

㉰ 출입문은 갑종방화문 또는 을종방화문을 설치할 것

㉱ 출입문의 너비 및 높이는 2.5m 이하로 할 것

해답 ㉰

② 피난안전구역의 내부마감재료는 불연재료로 설치할 것

③ 건축물의 내부에서 피난안전구역으로 통하는 계단은 특별피난계단의 구조로 설치할 것

④ 비상용 승강기는 피난안전구역에서 승하차할 수 있는 구조로 설치할 것

⑤ 피난안전구역에는 식수공급을 위한 급수전을 1개소 이상 설치하고 예비전원에 의한 조명설비를 설치할 것

⑥ 관리사무소 또는 방재센터 등과 긴급연락이 가능한 경보 및 통신시설을 설치할 것

⑦ 피난안전구역 면적 산정기준에 따라 산정한 면적 이상일 것

⑧ 피난안전구역의 높이는 2.1미터 이상일 것

⑨ 설비규칙에 따른 배연설비를 설치할 것

⑩ 그 밖에 소방방재청장이 정하는 소방 등 재난관리를 위한 설비를 갖출 것

6) 대규모 목조건축물의 외벽

(1) 연면적 1천 제곱미터 이상인 목조의 건축물은 그 외벽 및 처마 밑의 '연소할 우려가 있는 부분'을 방화구조로 하되, 그 지붕은 불연재료로 해야 한다.

(2) 연소할 우려가 있는 부분

인접대지경계선, 도로중심선 또는 동일한 대지 안에 있는 2동 이상의 건축물(연면적의 합계가 500제곱미터 이하인 건축물은 이를 하나의 건축물로 본다) 상호의 외벽간의 중심선으로부터 1층에 있어서는 3미터 이내, 2층 이상에 있어서는 5미터 이내의 거리에 있는 건축물의 각 부분을 말한다. 다만, 공원, 광장, 하천의 공지나 수면 또는 내화구조의 벽 기타 이와 유사한

것에 접하는 부분을 제외한다.

5. 방화지구 안의 건축물

방화지구 안의 건축물 · 지붕 · 창문 등의 구조 및 설비기준은 다음과 같다. 단, 단층 부속건축물이 연면적 300제곱미터 미만으로서 외벽 및 처마면이 내화구조 및 불연재료로 된 것 또는 도매시장용도의 건축물로서 그 주요부가 불연재료로 된 경우에는 내화구조로 하지 않아도 된다.

표 9-13 방화지구 안의 건축물의 구조 및 설비기준

건축물 및 공작물	대상부분	구조 및 설비
건축물(예외 참조)	- 주요구조부 - 외벽	내화구조로 하여야 함
공작물로서 간판 · 광고탑 등으로 - 지붕 위에 설치하는 공작물 - 높이 3m 이상의 공작물	주요부	불연재료로 하여야 함
건축물의 지붕	내화구조가 아닌 것	불연재료로 하여야 함
건축물의 외벽에 설치하는 창문 등 (창문 · 출입구 · 개구부)	연소할 우려가 있는 부분	- 갑종 방화문 - 검정에 합격한 드렌처 - 내화구조나 불연재료로 된 벽 · 담장 - 방화커버 · 금속망

6. 건축물의 마감재료

건축물의 화재는 피해가 대형사고로 이어지는 경우가 많아 피난 소방기준은 물론이고 건축물의 내 · 외부에 사용되는 재료에 대한 내화기준 등이 엄격하게 요구된다.

대통령령이 정하는 용도 및 규모의 건축물의 내부마감재료는 방화상 지장이 없는 재료로서 「다중이용시설 등의 실내공기질 관리법」에 따른 실내공기질 유지기준 및 권고기준을 고려하고 관계중앙행정기관의 장과 협의하여 국토교통부령이 정하는 기준에 의한 것이어야 한다.

1) 건축물의 마감재료 기준

각 건축물의 마감재료 기준은 다음과 같다

표 9-14 건축물의 마감재료 기준

용도 또는 규모	적용대상	벽 및 반자의 실내에 접하는 부분 (반자돌림대 · 창대 제외)의 마감	
		거실	복도 · 계단 · 통로
① 제2종근린생활시설 중 공연장 · 종교집회장 · 인터넷컴퓨터게임시설제공업소(해당 용도 바닥면적의 합계가 각각 300㎡ 이상인 경우만 해당), 문화 및 집회시설(예식장 제외), 종교시설, 판매시설, 운수시설, 위락시설)단란주점 및 주점 영업제외)	거실의 바닥면적의 합계가 200m² (주요구조부가 내화구조 또는 불연재료로 된 건축물의 경우 400m²) 이상인 건축물	불연재료 준불연재료 난연재료	불연재료 준불연재료
② 단독주택 중 다중주택, 다가구주택, 공동주택, 제2종근린생활시설 중 학원 · 독서실 · 다중생활시설, 숙박시설, 의료시설, 교육연	3층 이상인 층의 해당 용도로 쓰는 거실의 바닥면적의 합계가 200m² (주요구조부가 내화구조 또는 불연재료로 된 건축물의 경우 400m²) 이상인 건축물		

구시설 중 학원, 노유자시설 중 아동관련시설 · 노인복지시설, 수련시설 중 유스호스텔, 업무시설 중 오피스텔 또는 장례식장			
③ 위험물저장 및 처리시설, 자동차관련시설, 방송통신시설 중 방송국 · 촬영소 · 발전시설	면적에 관계없이 적용		
④ 공장	공장의 용도로 쓰이는 건축물이 1층 이하이고, 연면적이 1,000m² 미만으로 다음 요건 모두를 갖춘 경우 제외 -화재위험이 적은 공장 -화재시 대피 가능한 출구 -성능을 갖춘 복합자재 사용		
⑤ 5층 이상인 건축물	5층 이상인 층의 거실의 바닥면적의 합계가 500m² 이상인 건축물		
⑥ 창고	바닥면적 600m² (스프링클러 설치 1,200m²)이상인 건축물	불연재료 준불연재료	
⑦ 제2종근린생활시설 중	공연장 · 당구장		
문화 및 집회시설 중	예식장		
교육연구시설 중	초등학교		
수련시설 중	생활권수련시설 · 자연권수련시설		
숙박시설			
위락시설 중	주점영업		
⑧ 다중이용업소의 안전관리에 관한 특별법 시행령 제2조에 따른 다중이용업의 용도로 쓰는 건축물	유흥주점영업은 제외		
⑨ 앞의 ①~⑧의 용도에 쓰이는 거실(출입문 및 문틀을 포함한다)을 지하층 또는 지하의 공작물에 설치한 경우	면적에 관계없이 적용하며, 출입구 및 문틀은 포함		

2) 내장재료 적용기준에서 제외되는 경우

앞의 표 9-14의 ① 내지 ⑧에 해당하는 건축물의 주요구조부가 내화구조 또는 불연재료로 된 건축물로서 그 거실의 바닥면적 (스프링클러 기타 이와 유사한 자동식 소화설비를 설치한 부분의 면적을 뺀 면적)이 200제곱미터 이내마다 방화구획이 되어 있는 경우에는 예외이다.

7. 실내건축

1) 정의

건축물의 실내를 안전하고 쾌적하며 효율적으로 사용하기 위하여 내부 공간을 칸막이로 구획하거나 벽지, 천장재, 바닥재, 유리 등 대통령령으로 정하는 재료 또는 장식물을 설치하는 것을 말한다.

2) 안전한 실내구조 및 재료시공 대상 건축물

실내건축을 방화에 지장이 없고 사용자의 안전에 문제가 없는 구조 및 재료로 시공하여야 하는 건축물은 아래와 같다.

(1) 다중이용 건축물

(2) 「건축물의 분양에 관한 법률」에 따른 건축물
건축허가를 받아 건축하여야 하는 다음의 어느 하나에 해당하는 건축물로서 사용승인서의 교부(이하 "사용승인"이라 한다) 전에 분양하는 건축물
① 분양하는 부분의 바닥면적 합계가 3천 제곱미터 이상

인 건축물

② 업무시설 등 대통령령으로 정하는 용도 및 규모의 건축물(건축물의 분양에 관한 법률시행령 제2조)

㉠ 일반업무시설인 오피스텔로서 30실(室) 이상인 것

㉡ 주택 외의 시설과 주택을 동일 건축물로 짓는 건축물 중 주택 외의 용도로 쓰이는 바닥면적 합계가 3천 제곱미터 이상인 것

㉢ 바닥면적의 합계가 3천 제곱미터 이상으로서 임대 후 분양전환을 조건으로 임대하는 것 (분양전환 시 임차인에게 우선순위를 부여하는 것을 포함한다)

(3) (2)에도 불구하고 다음 어느 하나에 해당하는 건축물에 대하여는 이 법을 적용하지 아니한다.

① 주택 및 복리시설(주택법)

② 지식산업센터(산업집적활성화 및 공장설립에 관한 법률)

③ 관광숙박시설(관광진흥법)

④ 노인복지시설(노인복지법)

⑤ 공공기관이 매입하는 업무용 건축물(공공기관의 운영에 관한 법률)

⑥ 지방공기업이 매입하는 업무용 건축물(지방공기업법)

3) 구조 · 재료의 시공방법 등에 관한 기준

실내에 설치하는 구조 및 재료의 시공방법 등에 관한 기준은 다음과 같다.

(1) 칸막이는 피난에 지장이 없고 구조적으로 안전하여야 한다.

(2) 벽, 천장, 바닥 및 반자틀(노출된 경우에 한정한다)은 방화에 지장이 없는 재료를 사용하여야 한다.

(3) 바닥의 마감재료는 미끄럼 방지를 할 수 있는 재료로 사용 하여야 한다.

(4) 난간, 창호 및 출입문은 방화에 지장이 없고, 구조적으로 안전하여야 한다.

(5) 전기 · 가스 · 급수(給水) · 배수(排水) · 환기시설은 누수 · 누전 등 안전사고가 없는 재료로 사용하고, 구조적으로 안전하여야 한다.

(6) 실내의 돌출부들은 충돌, 끼임 등 안전사고를 방지 할 수 있는 완충재료를 사용하여야 한다.

(7) 실내건축의 구조 · 시공방법등에 관한 세부사항은 국토교통부장관이 정하여 고시한다.

8. 지하층

건축물에 설치하는 지하층의 구조 및 설비는 국토교통부령으로 정하는 기준에 맞게 하여야 한다.

1) 지하층의 구조

지하층의 구조 및 설비 기준은 다음과 같다.

표 9-15 지하층의 구조 및 설비

바닥면적의 규모	설치기준
거실의 바닥면적 50m² 이상인 층	직통계단 외에 비상탈출구 및 환기통 설치(직통계단이 2개소 이상인 때는 예외)
공연장 · 제2종근린생활시설 중 단란주점 · 당구장 · 노래연습장 · 예식장 · 공연장 · 생활권수련시설 · 자연권수련시설 · 여관 · 여인숙 · 위락시설 중 단란주점 · 유흥주점 또는 「다중이용업소의 안전관리에 관한 특별법 시행령」 제2조에 따른 다중이용업의 용도에 쓰이는 층으로서 그 층의 거실의 바닥면적의 합계가 50m² 이상인 건축물	직통계단을 2개소 이상 설치할 것
바닥면적 1,000m² 이상인 층	방화구획으로 구획하는 각 부분마다 1개소 이상의 피난계단 또는 특별피난계단 설치
거실의 바닥면적의 합계가 1,000m² 이상인 층	환기설비를 설치할 것
지하층의 바닥면적이 300m² 이상인 층	식수공급을 위한 급수전을 1개소 이상 설치할 것

2) 지하층 비상탈출구의 기준

지하층의 비상탈출구의 기준(주택은 제외)은 다음과 같다.

9-16 지하층 비상탈출구 기준

구 분	내 용	비 고
비상탈출구의 유효너비와 높이	0.75m×1.5m 이상으로 할 것	
비상탈출구의 문의 열림	피난방향으로 열릴 것	실내에서 항상 열릴 수 있는 구조로 하여야 하며, 내부 · 외부에 비상탈출구임을 표시할 것
비상탈출구와 출입구와의 거리	3m 이상 이격시킬 것	
비상탈출구 높이가 1.2m 이상일 때	벽체에 발판의 너비가 20cm 이상인 사다리를 설치할 것	
피난통로의 유효너비	0.75m 이상으로 할 것	불연재료로 할 것
진입부분 및 피난통로	통행에 지장을 주는 물건을 방치하거나 시설물 설치 금지	
비상탈출구의 유도등과 피난통로의 비상조명 등	소방법령이 정하는 바에 의할 것	

9. 건축물의 범죄예방

1) 범죄예방 기준의 제정

✓ 단독주택(다가구주택을 포함한다), 다세대주택, 연립주택은 범죄예방 기준에 따라 설치를 권장한다.(건축물 등의 범죄예방 기준 제11조)

최근 건축물의 복합화 · 다양화로 건축물 내에서 범죄가 늘어남에 따라 건축물에 범죄예방 기준 반영 필요성이 증대되어 「건축법」이 개정(2014.05.28., 법률 제12701호)되었다. 이에 따라 건축물의 설계에 반영할 건축물, 건축설비 및 대지에 대한 범죄예방 기준이 제정되었다.

2) 범죄예방 기준 적용대상 건축물

건축물등의 범죄예방 기준에 따라 건축해야하는 건축물은 다음과 같다.

(1) 공동주택 중 세대수가 500세대 이상인 아파트

(2) 제1종 근린생활시설 중 일용품을 판매하는 소매점

(3) 제2종 근린생활시설 중 다중생활시설

(4) 문화 및 집회시설(동 · 식물원은 제외한다)

(5) 교육연구시설(연구소 및 도서관은 제외한다)

(6) 노유자시설

(7) 수련시설

(8) 업무시설 중 오피스텔

(9) 숙박시설 중 다중생활시설

《읽을 거리》

국토부, 화재안전성 강화 건축법 시행령 개정

건축법 시행령 및 건축물의 피난 · 방화구조 등의 기준에 관한 규칙 개정

사진=스카이데일리DB

국토교통부는 20일 건축법 시행령 및 건축물의 피난·방화구조에 관한 규칙의 일부 개정안을 입법 예고한다고 밝혔다.

이번에 입법 예고된 건축법 시행령 개정안의 주요 내용은 다음과 같다. 첫째 건축물 옥상 출입문 자동개폐장치 설치 대상을 확대할 예정이다. 통상 건축물 옥상의 출입문은 사생활 보호·방범·추락사고 방지 등을 이유로 잠궈 두는데 화재 발생 시 건축물 옥상으로의 대피를 방해한다는 지적이 나오고 있다.

이에 현재 30세대 이상 공동주택에만 적용되던 옥상 출입문 자동개폐장치 설치 건축물을 건축물 옥상에 광장이나 헬리포트를 의무적으로 설치하는 건축물과 1000㎡ 이상인 공동주택·다중이용건축물 가운데 옥상에 광장을 설치하는 건축물로 확대하기로 했다.

둘째 소규모 다중이용업소의 화재안전성 강화다. 화재 위험성이 높은 소규모 다중이용업소(200㎡ 이하)는 화재에 강한 내부 마감재료를 사용하도록 해 다중이용업소의 화재안전성을 강화할 예정이다

이번 시행령 개정안의 입법예고 기간은 이달 20일부터 2020년 1월 30일까지 40일간이며 관계기관 협의·법제처 심사·국무회의 등을 거쳐 2020년 4월 경 공포·시행될 예정이다.

– 출처: 스카이데일리, 2019년 12월 16일 –

《읽을 거리》

광주시, 화재발생 시 사고 예방 법령개정 건의

국토부에 '건축법 시행령' 제51조 배연설비 설치대상 확대 요청

사진출처 : 뉴스핌

광주광역시는 화재사고에 따른 인명피해 예방을 위해 지난 27일 국토교통부에 '건축법 시행령' 제51조의 배연설비 설치 의무대상(6층 이상 숙박시설, 문화 및 집회시설, 다중생활시설(공연장, 고시원 등) 등)을 전층으로 확대하는 법령개정을 건의했다고 밝혔다.

이번 법령개정 건의는 지난 22일 오전 5시45분 두암동에서 발생한 모텔 화재로 인해 상당수의 인명피해(총 33명, 사망 1명, 중상 9명, 경상 23명)가 발생한 것과 관련해 추진됐다.

광주시는 당시 화재 원인을 설계도서 및 현장 확인으로 조사한 결과, 화재 시 발생한 연기(매연 및 유독가스 등)가 외부로 유출될 수 있는 배연설비설치 비의무대상으로 이용객 대피 중 객실 및 복도의 연기를 흡입한 정황을 확인했다.

이번 법령개정과 함께 자치구에는 '건축법 시행령' 제51조의 해당시설의 인·허가 시 안전사고 예방을 위해 전층에 배연창이 설치될 수 있도록 협조를 요청하기도 했다.

김종호 시 건축주택과장은 "현행 법령 상 배연설비설치가 의무대상이 아닌 5층 이하 건축물도 배연시설을 설치해 소중한 생명을 보호할 수 있도록 건축주와 관련부서의 적극적인 협조 부탁드린다"고 말했다.

– 출처: 뉴스핌, 2019년 12월 30일 –

《읽을 거리》

방화문 설치 전 층으로 확대 '건축법 시행령 개정안' 시행

사진 : 이데일리

오는 11월부터 학교와 병원 등의 건축물은 불에 취약한 외부 마감재의 사용을 전면 제한한다. 또한 방화문 설치의무를 전 층으로 확대한다. 국토교통부는 이와 같은 내용을 담은 건축법 시행령 개정안을 오는 11월부터 시행한다고 30일 밝혔다.

건축물 화재안전기준을 강화한 이번 개정안에서는 우선 영유아, 어린이, 청소년, 노인, 환자 등이 주로 이용하는 학교와 병원 등의 건축물은 건축물 높이와 관계없이 스티로폼 등 가연성 외부 마감재 사용을 금지한다.

아울러 건축물의 높이가 3층 이상(또는 9m이상)인 건축물에도 화재에 강한 외부 마감재료를 써야 한다. 그간 건축물의 높이가 6층 이상(또는 22미터 이상)인 건축물에만 5분 이상 불에 타지 않은 외장재를 의무적으로 사용하도록 해왔다.

- 출처: 이데일리 신문, 2019년 7월 30일 -

《읽을 거리》

건축법 따로 소방법 따로… 피난설비 혼란 지속
규정 정비는 뒷전, 피난 법규 놓고 힘겨루기 10년째

사진 승강식 피난기(좌)와 하향식 피난구(우)

비정상적인 공동주택 피난설비 법령이 오랫동안 정비되지 않으면서 심각한 혼란을 불러오고 있다는 지적이 나오고 있다.

우리나라 공동주택의 건축물 피난설비는 현재 건축법과 소방법에서 각기 규정하고 있다. 건축법에서는 공동주택 중 아파트로서 4층 이상인 층의 각 세대가 2개 이상의 직통계단을 사용할 수 없을 경우 발코니에 대피공간을 설치토록 강제하고 있다.

이 대피공간은 실내의 다른 부분과 방화구획해야 하며 인접세대와 공동으로 설치할 때에는 3㎡이상, 각 세대별로 설치할 경우에는 2㎡이상을 확보해야 한다. 다만 파괴하기 쉬운 인접세대의 경계벽을 경량구조로 만들거나 경계벽에 피난구를 설치한 경우, 발코니의 바닥에 하향식 피난구를 설치했을 때에는 대피공간 설치가 면제된다. 이러한 대피공간 등의 규정은 최근 지어지는 대부분의 공동주택(아파트)에 해당된다.

소방법의 경우 10층 이하 건물에 대해서는 피난기구 설치 규정(화재안전기준)을 운용하고 있으며 설치장소별 적응성을 가진 피난기구를 설치토록 규정하고 있다. 4층 이상 10층 이하 공동주택에 적응성을 갖춘 피난기구는 완강기와 다수인피난장비, 피난사다리, 승강식피난기 등이다.

문제는 두 법령이 동일하게 피난 목적으로 만들어졌음에도 이원화돼 있어 명확한 법규 운용이 어렵다는 사실이다.

소방법에서 규정하는 승강식 피난기의 경우 10층 이하 건축물에서 적응성이 인정되지만 건축법에는 존재하지 않는 피난시설이다. 이 때문에 건축 현장에서는 실제 적용 자체가 쉽지 않다.

하향식피난구는 건축법상 피난시설로 인정돼 발코니에 설치할 경우 대피공간이 면제되지만 소방법에서는 이 하향식 피난구를 '하향식 피난구용 내림식사다리'로 정의 내리고 있고 반드시 대피공간 내 설치를 의무 규정하고 있다.

이렇다 보니 건축법에 따라 대피공간 대체 목적으로 하향식 피난구를 설치하면 소방법을 만족하지 못해 10층 이하 부분에는 완강기 등 별도의 피난기구를 추가로 설치해야만 한다.

분야 전문가들에 따르면 건축법과 소방법의 상충 문제는 지난 2005년부터 지속돼 왔다. 피난시설에 대한 주무부처 간의 이견으로 보이지 않는 실갱이가 이어지고 있다는 얘기다.

숭실사이버대학교 소방방재학과 박재성 교수는 "발코니 확장이 합법화되면서부터 국토부와 과거 소방방재청 담당 부서 간의 골이 깊어지기 시작했다"며 "과거 이견 차이를 좁히기 위한 TF가 구성되기도 했지만 아무런 합의도 이뤄내지 못한 채 장기간 방치되고 있다"고 했다.

특히 박 교수는 "현행 건축법상 규정돼 있는 대피공간은 화재 등의 재난 발생 시 요구조자가 구조를 기다리며 대피하는 공간이지만 실제로 이 높이까지 소방차량이 올라가기는 매우 힘들다"며 "대피 공간 안에는 반드시 타 공간으로 이동할 수 있는 별도의 피난설비가 추가돼야 한다"고 지적했다.

최근 지어지는 우리나라 공동주택의 경우 대다수가 20층 이상의 고층이지만 대피공간만으로 안전성을 확보하기에는 무리가 따른다는 것이다.

박 교수는 "향후 피난설비에 대한 법률적 정비가 반드시 필요하다"며 "이 과정에서는 화재안전 등에 전문화된 법규인 소방관련법을 통해 제대로 된 정비가 이뤄져야 한다"고 강조했다.

피난설비를 개발·생산하고 있는 기업체들도 제 각기 운용되고 있는 법률로 인해 심각한 혼란을 겪고 있다. 이로 인해 국내 피난시설의 발전까지 가로막고 있다는 지적이 나온다.

한 피난기구 개발 업체 관계자는 "승강식피난기의 경우 소방법에서는 피난기구로 인정되지만 건축법에서 규정하는 피난시설로는 인정받지 못하고 있다"며 "동일 목적을 가진 피난 시설이 어디에선 되고 어디에선 안 되는 이해할 수 없는 일이 벌어지고 있다"고 말했다.

하향식피난구 업계의 한 관계자도 "건축법상 하향식 피난구를 건축물의 발코니 바닥에 설치하면 대피공간의 설치를 면제받을 수 있지만 소방법에서는 외기와 개방된 장소가 아닌 곳에 하향식 피난구를 설치할 경우 대피실 내부에 반드시 설치토록 규정하고 있어 도대체 어느 장단에 맞춰야 할지 골치가 아프다"고 토로했다.

- 출처 : 소방방재신문, 2015년 6월 24일 -

10 건축설비

1. 건축설비 기준

건축설비의 설치 및 구조에 관한 기준과 설계 및 공사감리에 관하여 필요한 사항은 대통령령으로 정한다.

1) 설치기준

(1) 건축설비는 건축물의 안전·방화, 위생, 에너지 및 정보통신의 합리적 이용에 지장이 없도록 설치하여야 하고, 배관피트 및 닥트의 단면적과 수선구의 크기를 해당 설비의 수선에 지장이 없도록 하는 등 설비의 유지·관리가 쉽게 설치하여야 한다.

(2) 건축물에 설치하는 급수·배수·냉방·난방·환기·피뢰 등 건축설비의 설치에 관한 기술적 기준은 국토교통부령으로 정하되, 에너지 이용 합리화와 관련한 건축설비의 기술적 기준에 관하여는 지식경제부장관과 협의하여 정한다.

(3) 건축물에 설치하여야 하는 장애인 관련 시설 및 설비는 「장애인·노인·임산부 등의 편의증진보장에 관한 법률」에서 정하는 바에 따른다.

(4) 건축물에는 방송수신에 지장이 없도록 공동시청 안테나, 유선방송 수신시설, 위성방송 수신설비, 에프엠(FM)라디오방송 수신설비 또는 방송 공동수신설비를 설치할 수 있다. 다만, 다음의 건축물에는 방송 공동수신설비를 설치하여야 한다.

① 「주택법」에 따른 사업계획승인 대상 공동주택

② 바닥면적의 합계가 5천 제곱미터 이상으로 업무시설이나 숙박시설의 용도로 쓰는 건축물

(5) (4)에 따른 방송 수신설비의 설치기준은 방송통신위원회가 정하여 고시하는 바에 따른다.

(6) 연면적 500제곱미터 이상인 건축물의 대지에는 국토교통부령으로 정하는 바에 따라 「전기사업법」에 따른 전기사업자가 전기를 배전(配電)하는데 필요한 전기설비를 설치할 수 있는 공간을 확보하여야 한다.

2. 승강기

1) 승용승강기의 설치기준

건축주는 6층 이상으로서 연면적이 2천 제곱미터 이상인 건축물(층수가 6층인 건축물로서 각층 거실 바닥면적 300제곱미

터 이내마다 1개소 이상의 직통계단을 설치한 경우는 제외)은 다음 기준에 따라 승강기를 설치하여야 한다.

표 10-1 승용승강기 설치기준

구 분	건축물의 용도	6층 이상의 거실바닥면적의 합계(Am^2)	
		$3,000m^2$ 이하	$3,000m^2$ 초과
1호	가. 문화 및 집회시설(공연장 · 집회장 및 관람장만 해당한다) 나. 판매시설 다. 의료시설	2대	2대 + $\frac{A-3,000m^2}{2,000m^2}$ 대
2호	가. 문화 및 집회시설(전시장 및 동 · 식물원만 해당한다) 나. 업무시설 다. 숙박시설 라. 위락시설	1대	1대 + $\frac{A-3,000m^2}{2,000m^2}$ 대
3호	가. 공동주택 나. 교육연구시설 다. 노유자시설 라. 그 밖의 시설	1대	1대 + $\frac{A-3,000m^2}{3,000m^2}$ 대

✓ **註** : ① 승강기대수
㉠ 1대로 보는 기준 : 8인승~15인승
㉡ 2대로 보는 기준 : 16인승 이상
② 건축물의 용도가 복합된 경우 승용승강기의 설치기준
㉠ 둘 이상의 건축물의 용도가 위 표10-1에 따른 같은 호에 해당하는 경우에 하나의 용도에 해당하는 건축물로 보아 6층 이상의 거실면적의 총합계를 기준으로 설치하여야 하는 승용승강기 대수를 산정한다.
㉡ 둘 이상의 건축물의 용도가 위 표 10-1에 따른 둘 이상의 호에 해당하는 경우에 다음의 기준에 따라 산정한 승용승강기 대수를 산정한다.
- 각각의 건축물 용도에 따라 산정한 승용승강기 대수를 합산한 대수
- 각각의 건축물 용도별 6층 이상의 거실 면적을 모두 합산한 면적을 기준으로 각각의 건축물 용도별 승용승강기 설치기준 중 가장 강한 기준을 적용하여 산정한 대수

문) 각 층별 바닥면적이 $2,000m^2$이고, 그 중 각 층별 거실면적의 합계가 $1,500m^2$이며 층수가 15층인 병원에서 16인승 승용승강기를 설치하려고 할 때 필요한 최소대수는 얼마인가?

㉮ 4대
㉯ 6대
㉰ 8대
㉱ 10대

해답 ㉮

2) 비상용 승강기 설치

(1) 비상용 승강기 설치대상

건축물의 높이 31미터를 넘는 건축물에는 비상용 승강기를 설치하여야 한다. 다만, 승용승강기를 비상용 승강기의 구조로 하는 경우에는 그러하지 아니하다.

(2) 설치대상에서 제외되는 건축물

높이 31미터를 넘는 각 층 부분에 있어서 다음 ①~③에 해당하는 경우에는 제외된다.

① 그 부분을 거실외의 용도로 쓰는 건축물

② 높이 31미터를 넘는 각층의 바닥면적의 합계가 500제곱미터 이하인 건축물

③ 높이 31미터를 넘는 층수가 4개 층 이하로서 당해 각층의 바닥면적의 합계 200제곱미터 (불연내장인 경우 500제곱미터) 이내마다 방화구획으로 구획한 건축물

(3) 설치대수 산정

비상용 승강기의 설치대수 산정 원칙은 아래와 같다.

문) 건축물의 용도가 같을 때 승용 승강기 설치기준이 다르게 적용되는 기준은 무엇인가?

㉮ 건축면적
㉯ 연면적의 합계
㉰ 6층 이상의 바닥면적의 합계
㉱ 6층 이상의 거실바닥면적의 합계

해답 ㉱

표 10-2 비상용 승강기 설치대수

높이 31m를 넘는 각층의 바닥면적 중 최대바닥면적(Am²)	설치대수
1,500m² 이하	1대
1,500m² 초과	1대 + $\frac{A-1,500m^2}{3,000m^2}$ (대)

3) 비상용 승강기의 승강장 및 승강로의 구조

(1) 승강장의 구조

① 승강장은 건축물의 다른 부분과 내화구조의 바닥 및 벽으로 구획할 것 (창문 · 출입구 기타 개구부 제외). 단, 공동주택의 경우에는 승강장과 특별피난계단의 부속실과의 겸용부분을 특별피난계단의 계단실과 별도로 구획하는 때에는 승강장을 특별피난계단의 부속실과 겸용할 수 있다.

② 승강장은 각층의 내부와 연결될 수 있도록 하되, 그 출입구에는 갑종방화문을 설치할 것. 다만, 피난층에는 갑종방화문을 설치하지 아니할 수 있다.

③ 노대 또는 외부를 향하여 열 수 있는 창이나 배연설비를 설치할 것

④ 벽 및 반자가 실내에 접하는 부분의 실내 마감재료는 불연재료로 할 것

⑤ 채광이 되는 창문이 있거나 예비전원에 의한 조명설비를 할 것

⑥ 승강장의 바닥면적은 비상용승강기 1대에 대하여 6제곱미터 이상으로 할 것 (다만, 옥외에 승강장을 설치하는 경우에는 제외)

⑦ 피난층이 있는 승강장의 출입구로부터 도로 또는 공지에 이르는 거리가 30미터 이하일 것

⑧ 승강장 출입구 부근의 잘 보이는 곳에 당해 승강기가 비상용 승강기임을 알 수 있는 표지를 할 것

문) 높이 31m 넘는 층의 최대바닥면적이 3,000㎡인 호텔의 비상용 승강기의 최소 설치대수는?

㉮ 1대
㉯ 2대
㉰ 3대
㉱ 4대

해답 ㉯

(2) 승강로의 구조

① 당해 건축물의 다른 부분과 내화구조로 구획할 것

② 각층으로부터 피난층까지 이르는 승강로를 단일구조로서 연결하여 설치할 것

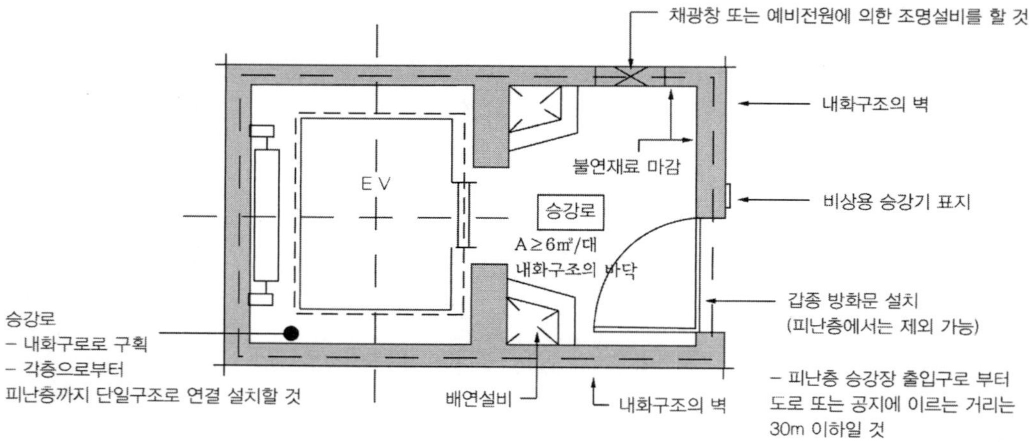

그림 10-1 승강로의 구조

3. 지능형 건축물

1) 지능형 건축물의 인증

(1) 국토교통부장관은 지능형 건축물[Intelligent Building]의 건축을 활성화하기 위하여 지능형 건축물 인증제도를 실시한다.

(2) 국토교통부장관은 지능형 건축물의 인증을 위하여 인증기관을 지정할 수 있다.

(3) 지능형 건축물의 인증을 받으려는 자는 인증기관에 인증을 신청하여야 한다.

(4) 국토교통부장관은 건축물을 구성하는 설비 및 각종 기술을 최적으로 통합하여 건축물의 생산성과 설비 운영의 효율성을 극대화할 수 있도록 다음 사항을 포함하여 지능형 건축물 인증기준을 고시한다.

① 인증기준 및 절차

② 인증표시 홍보기준

③ 유효기간

④ 수수료

⑤ 인증 등급 및 심사기준

4. 관계전문기술자

1) 관계전문기술자 협력대상 건축물

연면적 1만 제곱미터 이상인 건축물(창고시설은 제외한다) 또는 에너지를 대량으로 소비하는 건축물로서 다음에 정하는 건축물에 건축설비를 설치하는 경우에는 관계전문기술자의 협력을 받아야 한다.

(1) 전기, 승강기(전기분야만 해당한다) 및 피뢰침 : 「국가기술자격법」에 따른 건축전기설비기술사 또는 발송배전기술사

(2) 가스·급수·배수(배수)·배수(배수)·환기·난방·소화 ·배연·오물처리 설비 및 승강기(기계 분야만 해당한다) : 「국가기술자격법」에 따른 건축기계설비기술사 또는 공조냉동기계기술사

5. 건축설비의 기술적 기준

대지의 안전, 건축물의 구조상의 안전, 건축설비 등에 관한 기술적 기준은 이 법에서 특별히 규정한 경우 외에는 국토교통부령으로 정하되, 이에 따른 세부기준이 필요하면 국토교통부장관이 세부기준을 정하거나 국토교통부장관이 지정하는 연구기관(시험기관 · 검사기관을 포함한다), 학술단체, 그 밖의 관련 전문기관 또는 단체가 국토교통부장관의 승인을 받아 정할 수 있다.

6. 난방설비

난방방식에 따라 중앙공급식으로 하든지 개별난방방식으로 하든지 선택할 수 있다.

공동주택과 오피스텔의 난방설비를 개별난방방식으로 할 경우에는 다음의 기준에 적합하여야 한다. 다만, 가스를 중앙집중공급방식으로 공급하는 경우에는 아래 규정에도 불구하고 가스관계법령이 정하는 기준에 의하되, 오피스텔의 경우에는 난방구획마다 내화구조로 된 벽, 바닥과 갑종방화문으로 된 출입문으로 구획하여야 한다.

문) 공동주택의 개별난방방식에서 난방설비 설치기준으로 틀린 것은?

㉮ 보일러는 거실 외에 설치할 것
㉯ 보일러실 윗부분에는 0.5㎡이상인 환기창을 설치할 것
㉰ 보일러실과 거실사이의 출입구는 그 출입구가 닫힌 경우에는 보일러 가스가 거실에 들어갈 수 없는 구조로 할 것
㉱ 보일러의 연도는 내화구조로서 공동연도를 설치하지 말 것

해답 ㉱

표 10-3 개별난방방식의 설치기준

구 분	설 치 내 용
보일러의 위치	보일러실의 위치는 거실외의 곳에 설치 보일러실과 거실의 경계벽은 내화구조의 벽으로 구획(출입구 제외)
보일러실의 환기창	환기창 : 0.5㎡ 이상으로 하고 윗부분에 설치 환기구 : 상·하부분에 각각 지름 10cm 이상의 공기흡입구 및 배기구 설치(항상 개방된 상태로 외기에 접하도록 설치) -전기보일러의 경우 예외
보일러실의 출입구	보일러실과 거실사이의 출입구는 가스가 거실에 들어갈 수 없는 구조일 것(출입구가 닫힌 경우)
기름보일러	기름저장소는 보일러실 외에 다른 곳에 설치할 것
보일러의 연도	보일러의 연도는 내화구조로서 공동연도로 설치할 것

7. 배연설비

1) 배연설비

불이 났을 때 화기에 의해 사망하는 경우보다 연기에 의한 질식사가 더 많다. 이 연기를 거실 밖으로 빼내는 시설을 배연시설이라 한다. 배연창은 연기감지기나 열감지기에 의해 자동적으로 열리는 구조가 되어야 한다. 사람이 열고 닫을 수 없기 때문이다.

✓ 연기를 밖으로 배출하는 설비를 배연설비라 한다.

(1) 배연설비의 설치대상

6층 이상의 건축물로서 다음 용도에 쓰이는 거실에는 배연설비를 설치하여야 한다. 다만, 피난층인 경우에는 예외로 한다.

① 제2종 근린생활시설 중 공연장, 종교집회장, 인터넷컴퓨터게임시설제공업소 및 다중생활시설(공연장, 종교집회장 및 인터넷컴퓨터게임시설제공업소는 해당 용도로 쓰는 바닥면적의 합계가 각각 300제곱미터 이상인 경우만 해당된다)
② 문화 및 집회시설
③ 종교시설
④ 판매시설
⑤ 운수시설
⑥ 의료시설
⑦ 교육연구시설 중 연구소
⑧ 노유자시설 중 아동관련시설, 노인복지시설
⑨ 수련시설 중 유스호스텔
⑩ 운동시설
⑪ 업무시설
⑫ 숙박시설
⑬ 위락시설
⑭ 관광휴게시설
⑮ 장례식장

문) 다음 중 6층 이상인 건축물의 거실에 반드시 배연설비를 설치하여야 하는 건축물의 용도가 아닌 것은?

㉮ 숙박시설
㉯ 도서관
㉰ 위락시설
㉱ 아동관련시설

해답 ㉯

(2) 배연설비의 기준

배연설비의 기준은 아래와 같다.

표 10-4 배연설비의 기준

배연창의 갯수	건축물에 방화구획이 설치된 경우 - 그 구획마다 1개소 이상의 배연창을 설치하되, 배연창의 상변과 천장 또는 반자로부터 수직거리가 0.9m 이내일 것
배연창의 유효면적	1m² 이상으로서 그 면적의 합계가 당해 건축물의 바닥면적 1/100 이상일 것(방화구획이 설치된 경우는 구획부분의 바닥면적을 말함) - 바닥면적 산정시 거실바닥면적의 1/20 이상으로서 환기창을 설치한 거실면적 제외
배연구의 구조	배연구는 연기감지기 또는 열감지기에 의해 자동적으로 열 수 있는 구조로 하되, 손으로도 열고 닫을 수 있도록 할 것
	배연구는 예비전원에 의하여 열 수 있도록 할 것
기계식 배연설비를 하는 경우 앞의 규정에 불구하고 소방관계법령의 규정에 적합하게 할 것	

(3) 특별피난계단 · 비상용 승강기의 승강장에 설치하는 경우에 배연설비의 기준은 아래와 같다.

표 10-5 특별피난계단 및 비상용승강기 내의 배연설비 기준

구 분	내 용
배연구 · 배연풍도	배연구 및 배연풍도는 불연재료로 하고 화재가 발생한 경우 원활하게 배연시킬 수 있는 규모로서 외기 또는 평상시에 사용하지 아니하는 굴뚝에 연결한 것
배연구의 개방장치	수동 및 자동개방장치(열감지기 또는 연기감지기에 의한 것)는 손으로도 개폐 가능하게 할 것
배연구의 개폐상태	평상시 닫힌 상태를 유지하고, 연 경우 배연에 의한 기류로 인하여 닫히지 않도록 할 것
배연기의 설치 (배연구와 외기에 접하지 아니하는 경우)	- 배연구의 열림에 따라 자동적으로 작동하고, 충분한 공기배출 또는 가압능력이 있을 것 - 배연기에는 예비전원을 설치할 것
공기유입방식을 급기가압방식 또는 급 · 배기방식으로 하는 경우 앞의 규정에 불구하고 소방관계법령의 규정에 적합하게 할 것	

8. 배관설비

건축물의 수명은 배관의 수명에 의해 결정되는 경우가 많다. 배관의 수명은 재료의 부식 정도에 따라 결정된다.

1) 배관설비의 설치 및 구조

건축물에 설치하는 급수·배수 등의 용도로 쓰이는 배관설비의 설치 및 구조는 다음의 기준에 적합하여야 한다.

(1) 배관설비를 콘크리트에 묻는 경우 부식의 우려가 있는 재료는 부식방지 조치를 할 것

(2) 건축물의 주요부분을 관통하여 배관하는 경우에는 건물의 구조내력에 지장이 없도록 할 것.

(3) 승강기의 승강로안에는 승강기의 운행에 필요한 배관설비 외의 배관설비를 설치하지 아니할 것

(4) 압력탱크 및 급탕설비에는 폭발 등의 위험을 막을 수 있는 시설을 설치할 것

2) 배수용으로 쓰이는 배관설비의 기준

(1) 배출시키는 빗물 또는 오수의 양 및 수질에 따라 그에 적당한 용량 및 경사를 지게 하거나 그에 적합한 재질을 사용할 것

문) 배관설비로서 배수용으로 쓰이는 배관설비의 기준으로 옳지 않는 것은?

㉮ 배출시키는 빗물 또는 오수의 양 및 수질에 따라 그에 적당한 용량 및 경사를 지게 할 것
㉯ 배관설비에는 배수트랩, 통기관을 설치하는 등 위생에 지장이 없도록 할 것
㉰ 우수관과 오수관을 하나로 하여 배관할 것
㉱ 배관설비의 오수에 접하는 부분을 내수 재료로 사용할 것

해답 ㉰

(2) 배수트랩 · 통기관을 설치하는 등 위생에 지장이 없도록 할 것

(3) 배관설비의 오수에 접하는 부분은 내수재료를 사용할 것

(4) 지하실 등 공공하수도로 자연배수를 할 수 없는 곳에는 배수용량에 맞는 강제 배수시설을 설치할 것

(5) 우수관과 오수관은 분리하여 배관할 것

(6) 콘크리트구조체에 배관을 매설하거나 배관이 콘크리트구조체를 관통할 경우에는 구조체에 덧관을 미리 매설하는 등 배관의 부식을 방지하고 그 수선 및 교체가 용이하도록 할 것

9. 차수설비

1) 설치대상

다음의 어느 하나에 해당하는 지역에서 연면적 1만 제곱미터 이상의 건축물을 건축하려는 자는 빗물 등의 유입으로 건축물이 침수되지 아니하도록 해당 건축물의 지하층 및 1층의 출입구(주차장의 출입구를 포함한다)에 차수판(遮水板) 등 해당 건축물의 침수를 방지할 수 있는 설비(이하 "차수설비"라 한다)를 설치하여야 한다. 다만, 허가권자가 침수의 우려가 없다고 인정하는 경우에는 그러하지 아니하다.

(1) 「국토의 계획 및 이용에 관한 법률」에 따른 방재지구

(2) 「자연재해대책법」에 따른 자연재해위험지구

2) 설치기준

설치되는 치수설비는 다음의 기준에 적합하여야 한다.

(1) 건축물의 이용 및 피난에 지장이 없는 구조일 것

(2) 그 밖에 국토교통부장관이 정하여 고시하는 기준에 적합하게 설치할 것

10. 피뢰설비

1) 설치대상

건축물이 고층화 되면서부터 낙뢰피해가 우려되고, 이를 위해 높이 20미터 이상 건축물 또는 공작물은 피뢰시설을 의무적으로 설치해야 한다.

2) 설치기준

(1) 피뢰설비는 한국산업표준이 정하는 피뢰레벨 등급에 적합한 피뢰설비일 것. 다만, 위험물저장 및 처리시설에 설치하는 피뢰설비는 한국산업표준이 정하는 피뢰시스템레벨 Ⅱ 이상이어야 한다.

(2) 돌침은 건축물의 맨 윗부분으로부터 25센티미터 이상 돌출시켜 설치하되, 「건축물의 구조기준 등에 관한 규칙」 제9조에 따른 설계하중에 견딜 수 있는 구조일 것

(3) 피뢰설비의 재료는 최소 단면적이 피복이 없는 동선을 기준으로 수뢰부, 인하도선 및 접지극은 50제곱밀리미터 이상이거나 이와 동등 이상의 성능을 갖출 것

(4) 피뢰설비의 인하도선을 대신하여 철골조의 철골구조물과 철근콘크리트조의 철근구조체 등을 사용하는 경우에는 전기적 연속성이 보장될 것. 이 경우 전기적 연속성이 있다고 판단되기 위하여는 건축물 금속 구조체의 최상단부와 지표레벨 사이의 전기저항이 0.2옴 이하이어야 한다.

(5) 측면 낙뢰를 방지하기 위하여 높이가 60미터를 초과하는 건축물 등에는 지면에서 건축물 높이의 5분의 4가 되는 지점부터 최상단부분까지의 측면에 수뢰부를 설치하여야 하며, 지표레벨에서 최상단부의 높이가 150미터를 초과하는 건축물은 120미터 지점부터 최상단부분까지의 측면에 수뢰부를 설치할 것. 다만, 건축물의 외벽이 금속부재(部材)로 마감되고, 금속부재 상호간에 후단에 적합한 전기적 연속성이 보장되며 피뢰시스템레벨 등급에 적합하게 설치하여 인하도선에 연결한 경우에는 측면 수뢰부가 설치된 것으로 본다.

(6) 접지(接地)는 환경오염을 일으킬 수 있는 시공방법이나 화학 첨가물 등을 사용하지 아니할 것

(7) 급수·급탕·난방·가스 등을 공급하기 위하여 건축물에 설치하는 금속배관 및 금속재 설비는 전위(電位)가 균등하게 이루어지도록 전기적으로 접속할 것

(8) 전기설비의 접지계통과 건축물의 피뢰설비 및 통신설비 등의 접지극을 공용하는 통합접지공사를 하는 경우에는 낙뢰 등으로 인한 과전압으로부터 전기설비 등을 보호하기 위하여 한국산업표준에 적합한 서지보호장치(SPD)를 설치할 것

(9) 그 밖에 피뢰설비와 관련된 사항은 한국산업표준에 적합하게 설치할 것

11. 냉방설비

1) 설치 대상

다음에 해당하는 건축물 중 산업통상자원부장관이 국토교통부장관과 협의하여 고시하는 건축물에 중앙집중냉방설비를 설치하는 경우에는 축냉식 또는 가스를 이용한 중앙집중냉방방식으로 하여야 한다.

(1) 다음 어느 하나에 해당하는 건축물로서 해당 용도에 사용되는 바닥면적의 합계가 500제곱미터 이상인 건축물
① 목욕장
② 물놀이형 시설(실내에 설치된 경우로 한정한다) 및 수영장(실내에 설치된 경우로 한정한다)

(2) 다음 어느 하나에 해당하는 건축물로서 해당 용도에 사용되는 바닥면적의 합계가 2천 제곱미터 이상인 건축물
① 기숙사
② 의료시설

③ 유스호스텔

④ 숙박시설

(3) 다음 어느 하나에 해당하는 건축물로서 해당 용도에 사용되는 바닥면적의 합계가 3천 제곱미터 이상인 건축물

① 판매시설

② 연구소

③ 업무시설

(4) 다음 어느 하나에 해당하는 건축물로서 해당 용도에 사용되는 바닥면적의 합계가 1만 제곱미터 이상인 건축물

① 문화 및 집회시설

② 종교시설

③ 교육연구시설(연구소는 제외한다)

④ 장례식장

2) 설치

상업지역 및 주거지역에서 건축물에 설치하는 냉방시설 및 환기시설의 배기구와 배기장치의 설치는 다음의 기준에 모두 적합하여야 한다.

(1) 배기구는 도로면으로부터 2미터 이상의 높이에 설치할 것

(2) 배기장치에서 나오는 열기가 인근 건축물의 거주자나 보행자에게 직접 닿지 아니하도록 할 것

(3) 건축물의 외벽에 배기구 또는 배기장치를 설치할 때에는 외벽 또는 다음의 기준에 적합한 지지대 등 보호장치와

분리되지 아니하도록 견고하게 연결하여 배기구 또는 배기장치가 떨어지는 것을 방지할 수 있도록 할 것

① 배기구 또는 배기장치를 지탱할 수 있는 구조일 것

② 부식을 방지할 수 있는 자재를 사용하거나 도장(塗裝) 할 것

12. 환기설비

1) 설치대상

신축 또는 리모델링하는 다음의 어느 하나에 해당하는 주택 또는 건축물(이하 '신축공동주택등'이라 한다)은 시간당 0.5회 이상의 환기가 이루어질 수 있도록 자연환기설비 또는 기계환기설비를 설치하여야 한다.

(1) 100세대 이상의 공동주택

(2) 주택을 주택 외의 시설과 동일건축물로 건축하는 경우로서 주택이 100세대 이상인 건축물

2) 신축공동주택의 자연환기설비 기준

신축공동주택등에 자연환기설비를 설치하는 경우에는 자연환기설비에 따른 환기횟수를 충족하는지에 대하여 지방건축위원회의 심의를 받아야 한다. 다만, 신축공동주택등에 한국산업표준의 자연환기설비 환기성능 시험방법(KSF2921)에 따라 성능시험을 거친 자연환기설비에 따른 자연환기설비 설치 길이 이상으로 설치하는 경우는 제외한다.

3) 신축공동주택의 설치기준

신축공동주택에 자연환기설비 또는 기계환기설비를 설치하는 경우에는 기준(건축물의 설비기준 등에 대한 규칙)에 적합하여야 한다.

4) 다중이용시설의 구조 및 설치기준

다중이용시설을 신축하는 경우에 설치하여야 하는 기계환기설비의 구조 및 설치는 다음의 기준에 적합하여야 한다.

(1) 다중이용시설의 기계환기설비 용량기준은 시설이용 인원당 환기량을 원칙으로 산정할 것

(2) 기계환기설비는 다중이용시설로 공급되는 공기의 분포를 최대한 균등하게 하여 실내 기류의 편차가 최소화될 수 있도록 할 것

(3) 공기공급체계 · 공기배출체계 또는 공기흡입구 · 배기구 등에 설치되는 송풍기는 외부의 기류로 인하여 송풍능력이 떨어지는 구조가 아닐 것

(4) 바깥공기를 공급하는 공기공급체계 또는 공기흡입구는 입자형 · 가스형 오염물질의 제거 · 여과장치 등 외부로부터 오염물질이 유입되는 것을 최대한 차단할 수 있는 설비를 갖추어야 하며, 제거 · 여과장치 등의 청소 및 교환 등 유지관리가 쉬운 구조일 것

(5) 공기배출체계 및 배기구는 배출되는 공기가 공기공급체계 및 공기흡입구로 직접 들어가지 아니하는 위치에 설치할 것

(6) 기계환기설비를 구성하는 설비 · 기기 · 장치 및 제품 등의 효율과 성능 등을 판정하는데 있어 이 규칙에서 정하지 아니한 사항에 대하여는 해당 항목에 대한 한국산업표준에 적합할 것

5) 환기구

(1) 환기구 설치기준

환기구는 보행자 및 건축물 이용자의 안전이 확보되도록 바닥으로 부터 2미터 이상의 높이에 설치하여야 한다. 다만, 다음 어느 하나에 해당하는 경우에는 예외로 한다.

✓ 환기구 : 건축물의 환기설비에 부속된 급기(給氣) 및 배기(排氣)를 위한 건축구조물의 개구부(開口部)를 말한다

① 환기구를 벽면에 설치하는 등 사람이 올라설 수 없는 구조로 설치하는 경우에 배기를 위한 환기구는 배출되는 공기가 보행자 및 건축물 이용자에게 직접 닿지 아니하도록 설치되어야 한다.

② 안전펜스 또는 조경 등을 이용하여 접근을 차단하는 구조로 하는 경우

(2) 모든 환기구에는 국토교통부장관이 정하여 고시하는 강도(强度) 이상의 덮개와 덮개 걸침턱 등 추락방지시설을 설치하여야 한다.

《읽을 거리》

'폭탄' 될 수 있는 에어컨실외기

여름철 에어컨으로 인한 화재의 절반 이상이 에어컨 실외기에서 발생한다는 통계가 나왔다. 에어컨 사용량이 많은 시기에는 주의할 필요가 있다.

한국소비자원은 2012년부터 2014년까지 접수된 에어컨 화재사고 146건 중 93건(63.7%)이 실외기에서 발생했고 사고 발생시기는 8월이 많다고 3일 밝혔다.

실외기 화재의 원인은 본체와 실외기 연결부 전선의 합선이 원인으로 추정된 경우가 53건(57.0%)으로 가장 많았다. 그 외에 실외기 내부 전선의 합선이 17건(18.3%), 실외기 과열 23건(24.7%)으로 추정됐다.

발생 시기는 에어컨 사용량이 많아지는 6~8월에 57건(61.3%)으로 가장 많았다. 특히 무더위가 지속되는 8월에 24건(25.8%)으로 사고가 집중됐다.

에어컨 화재 사고 유형

-한국소비자원 발표-

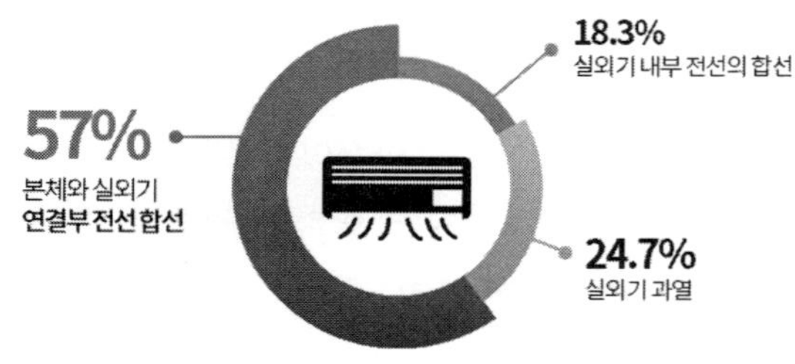

2012년~2014년 접수된 에어컨 화재 146건 분석

소비자원 관계자는 에어컨 사용 전에 반드시 실외기 연결부 전선 상태를 확인하고 과열 방지를 위한 통풍 환경을 점검해야 한다고 당부했다. 실외기는 벽체와 10㎝ 이상 떨어진 곳에 설치하고 후면에 쌓이는 먼지나 낙엽 등 이물질을 주기적으로 청소하는 것이 좋다. 실외기에서 과도한 소음이 나는 경우 즉시 전문가의 점검을 받으라고 소비자원은 조언했다.

다닥다닥 붙은 에어컨 실외기… 무심코 버린 꽁초에 '폭탄' 된다

낮기온이 29도까지 올랐던 지난 16일 오후. 서울 종로구 관철동의 유흥가 뒷골목은 에어컨 실외기가 뿜어내는 열기로 후끈했다. 건물 외벽 실외기는 많을 땐 10여대씩 50㎝ 간격으로 다닥다닥 붙어 있었다. 시커멓게 먼지 쌓인 한 실외기 바로 앞에선 젊은 남녀가 담배를 피웠다. 바닥엔 담배꽁초와 담뱃갑이 나뒹굴었다. 서울 중부소방서 이영병 화재조사관은 "화재를 부르는 위험한 행동"이라고 말했다.

실제로 지난달 20일 경기도 수원의 5층 상가 건물에서는 담뱃불이 에어컨 실외기에 옮겨붙으며 화재가 났다. 이날 불은 상가 건물 1층 외벽의 에어컨 실외기에서 시작됐다. '펑' 하는 폭발음과 함께 시커먼 연기가 피어올랐다. 불은 건물 4·5층 일부를 태우고 1시간 20여분 만에야 진화됐다.

16일 오후 서울 종로2가의 한 골목 안 건물 벽에 에어컨 실외기들이 다닥다닥 붙어 있고, 그 옆에서 젊은 여성이 담배를 피우고 있다. 뜨겁게 달아오른 실외기에 무심코 담배꽁초를 버리면 실외기 내부의 인화 물질과 반응해 화염이 뿜어져 나와 대형 화재로 이어지기 쉽다.

소방서 관계자는 "누군가 버린 담배꽁초가 실외기에 옮겨붙은 뒤 주변 쓰레기 더미와 고압 전선을 타고 건물 위층으로 번진 것으로 보인다"고 말했다. 건물 1층 식당 종업원 최모(56)씨는 "식당 안으로 연기가 들어차고 정전이 돼 아무것도 못 챙기고 뛰쳐나왔다"고 말했다. 인명 피해가 없었던 게 천만다행이었다.

방재 전문가들은 "가동 중인 에어컨 실외기는 잠자는 불씨나 마찬가지"라고 말했다. 하지만 '설마?' 하는 부실한 관리와 안전 불감증이 화재를 낳고 있다.

서울시 소방재난본부에 따르면 2011~2013년 에어컨 실외기로 인한 화재는 53건으로, 그 절반(56%)이 여름철인 6~8월에 집중됐다. 에어컨을 장시간 가동하면서 실외기 모터가 달아오른 상황에서 무심코 버린 담배꽁초, 벗겨진 전선 피복에 따른 합선 등이 화재로 이어졌다.

최돈묵 가천대 교수(소방방재공학)는 "실외기 압축기 안에는 가연성 윤활유가 들어 있어 불길이 급속히 번질 수 있다"고 말했다. 에어컨 실외기에서 불이 나면 폭발과 함께 화염방사기처럼 불길이 뿜어져 나오는 게 그 때문이라는 게 최 교수의 설명이다.

그는 "아파트는 층마다 베란다 난간에 실외기를 종렬로 설치하고, 상가 건물은 실외기 10여대를 한곳에 모아 놓기 때문에 한 실외기에서 시작된 불이 다른 실외기로 매우 빠르게 옮겨붙는다"고 말했다.

2008년 6월 서울 삼성동 18층 건물 화재는 에어컨 실외기 화재의 위험성을 극명하게 보여준 사건이었다. 불씨는 건물 1층 외벽 에어컨 실외기 위에 버린 담배꽁초였다. 폭발과 함께 커진 불길은 건물 외장재를 태우며 위층으로 확산, 단 10여분 만에 18층 옥상까지 번졌다.

하지만 실외기 대부분은 관리 사각지대에 놓여있다. 거의 예외 없이 먼지투성이다. 담배꽁초도 아무렇지 않게 버린다. 한국화재소방학회는 실외기 내부에 먼지와 유사한 거즈 뭉치를 놓고 불을 붙이는 실험을 했다. 실외기는 순식간에 화염에 휩싸였고 4분 만에 '펑' 소리와 함께 실외기 압축기와 냉매 배관이 폭발했다. 불길은 최고 5m 위까지 솟구쳤다.

서울 중부소방서 이영병 화재조사관은 "10년 이상 된 노후 실외기는 교체하고 실외기 내부와 주변을 주기적으로 청소해야 한다"고 말했다.

최돈묵 교수는 "여름철 아파트 베란다에서 담배를 피우고 꽁초를 던지는 행위는 자칫 대형 화재로 이어질 수 있다"고 말했다. 그는 "아파트나 상가에선 실외기를 일렬이 아닌 지그재그로 설치해 화재가 번질 위험을 줄여야 한다"고 말했다.

- 출처 : 조선일보 2015년 8월 4일 -

참고문헌

- 건축법(2019.11.1.)
- 건축법 시행령 (2020.1.7)
- 건축법 시행규칙 (2019.11.18.)
- 건축물의 구조기준 등에 관한 규칙 (2018.11.9.)
- 건축물의 설비기준 등에 관한 규칙 (2017.12.4.)
- 건축물의 피난·방화구조 등의 기준에 관한 규칙 (2019.11.7.)
- 건축물대장의 기재 및 관리 등에 관한 규칙 (2018.12.4.)
- 표준설계도서 등의 운영에 관한 규칙 (2014.5.23.)
- 지능형건축물의 인증에 관한 규칙(2017.3.31.)
- 국토의 계획 및 이용에 관한 법률(2020.1.1.)
- 공간정보의 구축 및 관리 등에 관한 법률(2018.12.13.)
- 법제처 국가법령정보센터(http://law.go.kr)
- 충청투데이(http://www.cctoday.co.kr)
- 한겨레신문(http://www.hani.co.kr)
- 서울경제신문(http://economy.hankooki.com)
- 소방방재신문(http://fpn119.co.kr)
- 조선일보(http://news.chosun.com)
- 이데일리(https://www.edaily.co.kr)
- 스카이데일리(http://www.skyedaily.com)
- 뉴스핌(http://www.newspim.com)
- KBS NEW(http://news.kbs.co.k)
- 장동찬, 건축제법규 해설, 기문당, 2015
- 윤혁경, 알기쉽게 풀어쓴 건축+법 이야기, 기문당, 2013
- 남재호, 건축관계 법규 해설, 세진사, 2011
- 김종보, 생활속의 건축법, 학우, 2005
- 최찬환, 김문일, 최기원, 건축법의 이해, 세진사, 2012